高职高专"十三五"规划教材

"重庆市教育科学'十二五'规划 2015 年度专项课题（No:2015-ZJ-004）成果"

无机化学实验

主　编　刘云霞

副主编　文家新　郑军委

西南交通大学出版社

·成　都·

图书在版编目（CIP）数据

无机化学实验／刘云霞主编. —成都：西南交通大学出版社，2017.2

高职高专"十三五"规划教材

ISBN 978-7-5643-5237-0

Ⅰ. ①无… Ⅱ. ①刘… Ⅲ. ①无机化学－化学实验－高等职业教育－教材 Ⅳ. ①O61-33

中国版本图书馆 CIP 数据核字（2017）第 007365 号

高职高专"十三五"规划教材

无机化学实验

主编 刘云霞

责 任 编 辑	牛 君
封 面 设 计	何东琳设计工作室
出 版 发 行	西南交通大学出版社 （四川省成都市二环路北一段 111 号 西南交通大学创新大厦 21 楼）
发 行 部 电 话	028-87600564　028-87600533
邮 政 编 码	610031
网　　　址	http://www.xnjdcbs.com
印　　　刷	四川森林印务有限责任公司
成 品 尺 寸	185 mm×260 mm
印　　　张	10
字　　　数	180 千
版　　　次	2017 年 2 月第 1 版
印　　　次	2017 年 2 月第 1 次
书　　　号	ISBN 978-7-5643-5237-0
定　　　价	25.00 元

课件咨询电话：028-87600533

前　言

　　化学是一门以实验为基础的科学。无机化学是化学的重要组成部分，无机化学实验是培养学生创新能力和优良素质的有力手段，是奠定化学专业技能的基石。本教材紧扣高等职业教育培养目标，旨在培养学生全面掌握无机化学的基础理论知识、熟悉常见无机化学实验操作，并注重将实验操作与理论相结合，使学生具备初步分析问题及解决问题的能力。

　　本书根据高职高专无机化学实验教学要求，以 CDIO 项目化教学模式为依据，采用项目化的编写体系。全书共分为 4 个项目，项目一主要介绍了化学实验的基本知识。项目二是基础无机化学实验，分为 4 个任务，任务一介绍了化学实验的基本操作技能，包括基本实验方法、无机化学实验常用仪器和技术等；任务二、任务三主要对无机化学基本理论知识进行验证，包括化学反应基本原理、化学量及常数的测定、元素化合物的性质；任务四主要包括无机化合物的制备与提纯等实验内容。项目三为探究设计性实验，通过介绍相关背景知识激发学生兴趣，引导学生自己制订实验方案，探索实验条件，最终获得具有可行性的实验方案，并对实验现象作出解释或说明，旨在培养学生创新实践、独立学习和工作的能力。同时，针对每个任务都设置了专门的考核评价表，采用学生互评与教师评价、过程评价与结果评价相结合的模式评价任务实施效果，通过评价可以有效地促进学生加强实训课程学习，找出自身不足，提升创新实践能力与技能水平。项目四为趣味性实验，其目的是让学生在五彩缤纷、趣味无穷的化学现象中提升学习兴趣，激发学习动力。本书的每个项目又划分为几个具体的实施任务，学生分组在教师的指导下，按照任务构思—设计—实现—考核评价的模式完成各实训任务。

　　本书取材广泛，与生产实际贴合紧密，是在充分借鉴部分院校无机化学实验教学的成熟经验和编者多年来从事无机化学实验项目化教学改革的基础上完成的。本书可作为高等农林院校和其他综合性院校化学类专业的无机化学实验教材，也可作为各类院校相关专业的基础化学实验教材和其他化学工作者的参考书籍。

　　本书由重庆工业技术学院刘云霞担任主编，主要负责项目二和项目四的编写，以及全书的统稿工作；由重庆工业职业技术学院文家新和重庆第八中学郑军委担任副主编，主要负责项目一、项目三及附录的编写。参与编写的其他人员有：段益琴、吴明珠、邓冬莉、陈孟楠等。在本书的编写过程中，得到了重庆工业职业技术学院化学与制药工程学院各位老师的大力支持，他们对教材的编写提出了非常宝贵的意见，编者深表感谢。

由于编写时间仓促、编者水平有限，书中疏漏和不妥之处在所难免，敬请各位专家和读者批评指正，以便修订或再版时进一步完善。

编　者

2016 年 10 月

目　录

项目一 无机化学实验准备知识

任务一 掌握无机化学实验目的和学习方法

化学是一门以实验为基础的学科，许多化学理论和规律是对大量实验资料进行分析、概括、综合和总结而形成的。化学实验不仅能巩固和加深对无机化学基本理论的理解，训练扎实的动手操作能力，还能培养实事求是的科学态度、勤俭节约的优良作风、相互协作的团队精神和勇于开拓的创新意识。

一、无机化学实验的目的和要求

（1）掌握化学实验的基本操作、基本技能，学会使用常用仪器。

（2）通过实验巩固和加深对无机化学基本理论、基础知识的理解，进一步掌握常见元素及其化合物的重要性质、反应规律及制备方法。

（3）培养独立实验、解决问题的能力，如细致观察与记录实验现象的能力，正确测定与处理实验数据的能力，正确阐述实验结果的能力等。

（4）培养严谨的科学态度、良好的实验习惯和环境保护意识，为后续学习、参与实际工作和科学研究打下良好基础。

二、学习无机化学实验的方法

要达到上述目的，不仅要有正确的学习态度，还要有正确的学习方法。若要做好无机化学实验，必须掌握如下几个环节：

1. 认真预习

（1）认真阅读实验教材和参考资料中的有关内容。

（2）明确实验目的。

（3）了解实验内容、有关原理、步骤、操作过程及注意事项。

（4）写好预习报告（内容包括实验原理、实验步骤、做好实验的关键点、注意事项等）。

总之，通过预习弄清楚三个问题：① 本实验做什么？② 本实验如何做？

③ 为什么要做本实验？

2. 认真做好实验

根据实验教材所规定的方法、步骤和试剂用量进行操作，并做到下列几点：

（1）认真操作，细心观察，把观察到的现象或实验数据如实并详细地记录在实验报告中。

（2）如果发现实验现象与理论不符，应尊重实验事实，认真检查并分析原因，必要时重复实验进行核对，直到得出正确的结论。若实验失败，要找出原因，经指导教师同意后重做实验。

（3）实验中遇到疑难问题而自己难以解释时，可请教指导教师。

（4）实验过程中应保持肃静，严格遵守实验室的管理规则。

3. 认真书写实验报告

实验完成后要提交实验报告，在报告中应解释实验现象，并得出结论或根据实验数据进行处理和计算。报告内容包括：实验目的、实验原理、实验记录、结果处理和结论、问题与讨论。其中，问题与讨论部分是重点，一定要根据自己的实际情况提出问题、看法或改进建议。实验报告书写时应字迹端正、简明扼要、整齐清洁。

实验报告应独立完成，并交给指导教师审阅。若有实验现象、解释、结论、数据等不符合要求，应重做实验或重写报告。

三、实验报告撰写的要求和格式

1. 实验报告的定义与作用

实验报告是科研活动或专业学习中，由实验者把实验的目的、方法、步骤、结果和对实验结果的分析等，用简洁的语言写成的书面报告。实验报告必须在科学实验的基础上进行书写。实验报告中成功或失败的实验结果的记载，均有利于研究资料的不断积累；总结和分析研究资料，有利于提高实验者的观察能力、分析问题和解决问题的能力，并培养理论联系实际的学风和实事求是的科学态度。

2. 实验报告的内容与书写要求

一份完整的实验报告应包括以下几方面的内容：

（1）实验名称：要用最简练的语言反映实验的内容。

（2）实验目的：实验目的要明确，抓住重点，可以从理论和实践两个方面考虑。在理论上，验证定理定律，并使实验者获得深刻和系统的理解；在实践上，掌握仪器或器材的使用方法和某物质的合成或制备流程。

（3）实验原理和方法：依据何种原理、定律或操作方法进行实验，有时还应该画出实验装置或实验原理的结构示意图，再配以相应的文字说明。

（4）实验步骤及实验现象：实验经过哪几个步骤及在相应的步骤中所发生的实验现象。

（5）主要仪器和试剂：实验中用到的主要化学药品、试剂、仪器及设备。

（6）实验记录：在实验过程中出现的现象、实验数据及结果的计算等。

（7）结果与结论：如实地写明通过实验得到的结果与结论。

（8）问题与讨论：分析实验成功或失败的原因，写明自己在整个实验过程中及实验后所想到的问题以及对这些问题的解释，实验后的心得体会和建议等。

3．注意事项

实验报告写作是一项非常严肃、认真的工作，要讲究科学性、准确性、求实性。在撰写过程中，常见错误有以下几种：

（1）观察不细致，没有及时、准确、如实记录。由于在实验时观察不细致、不认真，没有及时记录，结果不能准确地反映出所发生的实验现象，不能恰如其分、实事求是地分析实验现象发生的原因。故在记录中，一定要看到什么，就记录什么，不能弄虚作假。为了印证一些实验现象而修改数据，假造实验现象等做法，都是不允许的。

（2）描述不准确，或层次不清晰。比如，在化学实验中，出现了沉淀物，但没有准确地说明是"晶体沉淀"，还是"无定形絮状沉淀"。步骤说明不认真，比如没有按照操作顺序分条列出，结果出现层次不清晰、凌乱等问题。

（3）没有采用专用术语来说明事物。例如："用玻璃棒在混合物里转动"一语，应用专用术语"搅拌"。

任务二 实验室规则和安全守则

一、实验室规则

（1）未穿实验服、未写实验预习报告者不得进入实验室进行实验。

（2）指导教师同意后，方可进入实验室，不准吃东西，不准喧哗。

（3）进入实验室后，须熟悉防火及急救设备、器材的使用方法和存放位置，遵守安全守则。

（4）实验前，清点、检查仪器，明确仪器的规范操作方法及注意事项。

（5）规范使用药品，禁止使用不明确的药品或随意混合药品。

（6）实验中，保持安静，认真操作，如实记录，不得擅自离开岗位。

（7）公用物品用完，须洗净后再放回指定位置，实验中的废液、废物应按照要求放入指定收集器皿内。

（8）实验完毕后，检查水、电、气、门、窗是否关闭。

（9）实验记录经指导教师签名认可后，方可离开实验室。

二、实验室安全守则

（1）一切易燃、易爆物质的操作都须在离火较远的地方进行。

（2）有毒、有刺激性气味的气体的操作须在通风橱内进行，可用手轻轻扇动少量气体进行嗅闻。

（3）不能俯视正在加热、浓缩的液体，加热中，试管口不能对着人。

（4）绝对禁止在实验室内饮食、抽烟。有毒的药品（铬盐、钡盐、砷的化合物、汞及汞的化合物、氰化物等）不得入口或接触伤口。

（5）剩余的药品或废液不得倒入下水道，应回收后集中处理。

（6）使用具有强腐蚀性的浓酸、浓碱、洗液时，应避免接触皮肤或溅在衣服上，更要注意保护眼睛，必要时戴上防护眼镜。

（7）熟悉水、电、气开关的位置，使用完毕后应立即关闭。

（8）每次实验结束后，应将手清洗干净才能离开实验室。

任务三 实验室意外事故及火灾的紧急处理

一、意外事故的紧急处理

（1）割伤：须先挑出异物，然后涂碘酒或贴"止血贴"包扎。实验室应必备止血贴。

（2）烫伤：在烫伤处涂上烫伤膏或万花油，切勿用水冲洗。实验室应必备烫伤膏。

（3）酸（或碱）腐蚀皮肤：先擦干，用大量水冲洗，再用弱碱（或弱酸）溶液冲洗。

（4）酸（或碱）溅入眼内：先用大量水冲洗，再用弱碱（或弱酸）溶液冲洗。

受酸腐蚀致伤的，可用饱和碳酸氢钠或稀氨水冲洗；受碱腐蚀致伤的，可用质量分数为 3%～5%的乙酸或质量分数为 3%的硼酸冲洗，最后再用水冲洗。必要时送医院治疗。

（5）吸入刺激性或有毒气体（氯气、氯化物）时，可吸入少量乙醚和酒精的混合蒸气解毒。

（6）吸入硫化氢气体感到不适（头晕、胸闷、欲吐）时，应立即到室外呼吸新鲜空气。

（7）遇有毒物进入口内时，可内服一杯含有 5~10 mL 稀硫酸铜溶液的温水，再用手指伸入咽喉部，促使呕吐。

（8）不慎触电，应立即切断电源，必要时进行人工呼吸，送往医院抢救。

二、火灾的紧急处理

若起火，应立即灭火，防止火势扩展（如切断电源、移走易燃药品等）。灭火方法可根据起火原因进行选择：

（1）一般起火：小火用湿布、沙子覆盖燃烧物，大火用水、泡沫灭火器灭火。

（2）活泼金属（Na、K、Mg、Al）起火：用沙土、干粉灭火。

（3）有机溶剂起火：用 CO_2 灭火器、专用防火布、沙土、干粉等灭火。

（4）电器起火：关闭电源，再用防火布、干粉、沙土等灭火。

（5）衣服着火：切勿惊慌乱跑，应赶紧脱下衣服或用专用防火布覆盖着火处，或就地卧倒打滚。

三、灭火器的使用方法

1. 手提式泡沫灭火器适用火灾及使用方法

适用于扑救一般 B 类火灾，如油制品、油脂等火灾，也可用于 A 类火灾。但不能扑救 B 类火灾中的水溶性可燃、易燃液体的火灾，如醇、酯、醚、酮等物质火灾，也不能扑救带电设备及 C 类和 D 类火灾。

使用方法：可手提筒体上部的提环，迅速奔赴火场。这时应注意不得使灭火器过分倾斜，更不可横拿或颠倒，以免两种药剂混合而提前喷出。当距离着火点 10 m 左右时，即可将筒体颠倒过来，一只手紧握提环，另一只手扶住筒体的底圈，将射流对准燃烧物。在扑救可燃液体火灾时，如已呈流淌状燃烧，则将泡沫由远而近喷射，使泡沫完全覆盖在燃烧液面上；如在容器内燃烧，应将泡沫射向容器的内壁，使泡沫沿着内壁流淌，逐步覆盖着火液面。切忌直接对准液面喷射，以免由于射流的冲击，反而将燃烧的液体冲散或冲出容器，扩大燃烧范围。在扑救固体物质火灾时，应将射流对准燃烧最猛烈处。灭火时随着有效喷射距离的缩短，使用者应逐渐向燃烧区靠近，并始终将泡沫喷在燃烧物上，直到扑灭。使用时，灭火器应始终保持倒置状态，否则会中断喷射。

泡沫灭火器存放应选择干燥、阴凉、通风并取用方便之处，不可靠近高温或可能受到曝晒的地方，以防止碳酸分解而失效；冬季要采取防冻措施，以防止冻结；并应经常擦除灰尘、疏通喷嘴，使之保持通畅。

2. 手提式干粉灭火器适用火灾及使用方法

碳酸氢钠干粉灭火器适用于易燃、可燃液体、气体及带电设备的初起火灾；磷酸铵盐干粉灭火器除可用于上述几类火灾外，还可扑救固体类物质的初起火灾。但都不能扑救金属燃烧火灾。

灭火时，可手提或肩扛灭火器快速奔赴火场，在距燃烧处 5 m 左右时，放下灭火器。如在室外，应选择在上风方向喷射。使用的干粉灭火器若是外挂式储压式的，操作者应一手紧握喷枪，另一手提起储气瓶上的开启提环。如果储气瓶的开启是手轮式的，则向逆时针方向旋开，并旋到最高位置，随即提起灭火器。当干粉喷出后，迅速对准火焰的根部扫射。使用的干粉灭火器若是内置式储气瓶的或者是储压式的，操作者应先将开启把上的保险销拔下，然后握住喷射软管前端喷嘴部，另一只手将开启压把压下，打开灭火器进行灭火。在使用有喷射软管的灭火器或储压式灭火器时，一手应始终压下压把，不能放开，否则会中断喷射。

干粉灭火器扑救可燃、易燃液体火灾时，应对准火焰根部扫射，如果被扑救的液体火灾呈流淌燃烧状，应对准火焰根部由近而远，并左右扫射，直至把火焰全部扑灭。如果可燃液体在容器内燃烧，应对准火焰根部左右晃动扫射，使喷射出的干粉流覆盖整个容器开口表面；当火焰被赶出容器时，仍应继续喷射，直至将火焰全部扑灭。在扑救容器内可燃液体火灾时，应注意不能将喷嘴直接对准液面喷射，防止喷流的冲击力使可燃液体溅出而扩大火势，造成灭火困难。当可燃液体在金属容器中燃烧时间过长，容器的壁温已高于扑救可燃液体的自燃点，此时极易造成火灭后再复燃的现象，若与泡沫类灭火器联用，则灭火效果更佳。

使用磷酸铵盐干粉灭火器扑救固体可燃物火灾时，应对准燃烧最猛烈处喷射，并上下左右扫射。如条件许可，可提着灭火器沿着燃烧物的四周边走边喷，使干粉灭火剂均匀地喷在燃烧物的表面，直至将火焰全部扑灭。

3. 现场模拟

火灾（一般起火、有机物着火）演习：模仿实验室发生火灾的情况，组织学生逃生，普及灭火器常见问题及使用。

材料：3 个不漏的废铁锅，食用油，泡沫灭火器，沙子，水，湿抹布。

场景设计：吹哨子，按照火灾逃生通道下楼到达指定演习场地；向指定的两个燃烧着的废锅（一个是一般物质燃烧，一个是有机物燃烧）内分别加入水、沙子和使用泡沫灭火器，观察灭火效果如何。

活泼金属、电器、衣服着火，火灾演习比较危险，采用观摩录像的方式替代现场模拟。

4．结果与讨论

（1）为什么不同的起火原因要采用不同的灭火方案？

（2）电器着火、有机溶剂着火、活泼金属着火能否用泡沫灭火器灭火？为什么？

任务四　掌握无机实验基本操作

一、常用实验仪器的洗涤与干燥

（一）常用实验仪器的名称及使用方法

确认每个人的实验柜号及实验分组，对照常用实验仪器清单，认领并清点仪器，认识常用的仪器并了解其使用方法，常用仪器见图1-1。

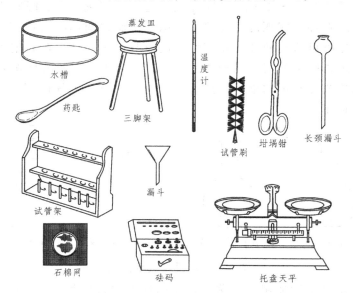

图 1-1　化学实验中常用仪器示意图

玻璃仪器按玻璃的性质不同可以分为软质玻璃仪器和硬质玻璃仪器两类。软质玻璃承受温差的性能、硬度和耐腐蚀性都较差，但透明度较好，一般用来制造不需要加热的仪器，如试剂瓶、漏斗、量筒、吸管等。硬质玻璃具有良好的耐受温差变化的性能，用它制造的仪器可直接用火加热，这类仪器耐腐蚀性强、耐热性能及耐冲击性能都较好，常见的烧杯、烧瓶、试管、蒸馏器和冷凝管等都是用硬质玻璃制作的。

玻璃仪器按用途划分，可分为容器类、量器类和其他常用器皿三大类。

下面介绍无机化学实验中常用的一些仪器。

1. 烧 杯

常用烧杯有低型烧杯、高型烧杯、三角烧杯三种（图 1-2），主要用于配制溶液，煮沸、蒸发、浓缩溶液，进行化学反应以及少量物质的制备等。烧杯可承受500 ℃ 以下的温度，可直接在火焰上加热或隔石棉网加热，也可选用水浴、油浴或沙浴等加热方式。烧杯的规格从 25 mL 至 5 000 mL 不等。

（a）低型烧杯　　（b）高型烧杯　　（c）三角烧杯

图 1-2　常用烧杯示意图

2. 烧 瓶

烧瓶用于加热煮沸，以及物质间的化学反应，主要有平底烧瓶、圆底烧瓶、三角烧瓶和定碘烧瓶（图 1-3）。平底烧瓶不能直接用火加热，圆底烧瓶可以直接用火加热，但两者都不能骤冷，通常在热源与烧瓶之间加隔石棉网。三角烧瓶也称锥形瓶，加热时可避免液体大量蒸发，反应时便于摇动，在滴定操作中经常用它做容器。定碘烧瓶主要用于碘量法的测定，也用于须严防液体蒸发和固体升华的实验，但加热或冷却瓶内溶液时应将瓶塞打开，以免因气体膨胀或冷却，使塞子被冲出或难取下。

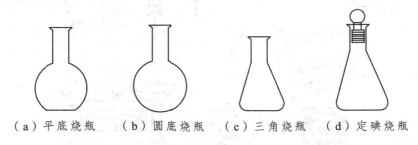

（a）平底烧瓶　　（b）圆底烧瓶　　（c）三角烧瓶　　（d）定碘烧瓶

图 1-3　常用烧瓶示意图

蒸馏烧瓶是供蒸馏使用的，蒸馏常用的还有三口烧瓶和四口烧瓶（图 1-4）。

（a）蒸馏烧瓶　　（b）三口烧瓶　　（c）四口烧瓶

图 1-4　常用蒸馏烧瓶示意图

3. 分馏管、冷凝管和接管

分馏管也称分馏柱或分凝器，主要用于分馏操作。常见的分馏管有无球分馏管、一球分馏管、二球分馏管（图1-5）、三球分馏管、四球分馏管和刺形分馏管。

冷凝管也称冷凝器，供蒸馏操作中冷凝用。常见的冷凝管有空气冷凝管、直形冷凝管、球形冷凝管、蛇形冷凝管（图1-6）、直形回流冷凝管和蛇形回流冷凝管。

尾接管是蒸馏时连接冷凝管用的，常见的有直形接管和弯形接管（图1-7）。

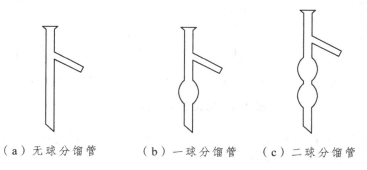

（a）无球分馏管　　　（b）一球分馏管　　（c）二球分馏管

图1-5　常用分馏管示意图

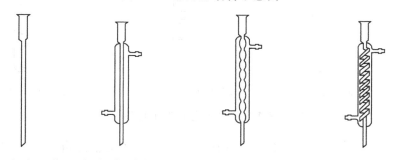

（a）空气冷凝管　（b）直形冷凝管　（c）球形冷凝管　（d）蛇形冷凝

图1-6　常用冷凝管示意图

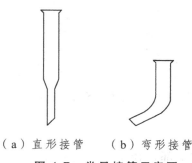

（a）直形接管　　（b）弯形接管

图1-7　常见接管示意图

4. 试管、离心管和比色管

试管主要用作少量试剂的反应容器，常用于定性试验。试管可直接用火加热，加热后不能骤冷。试管内盛放的液体量，不需加热时不要超过容积的 1/2；如果需要加热，不要超过容积的 1/3。加热试管内的固体物质时，管口应略向下倾斜，以防凝结水回流至试管底部而使试管破裂。常见的试管有普通试管、具支试管、刻度试管、具塞试管（图 1-8）。

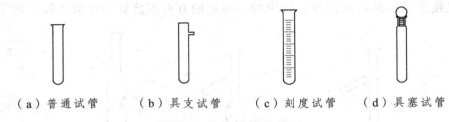

（a）普通试管　　　（b）具支试管　　　（c）刻度试管　　　（d）具塞试管

图 1-8　常见试管示意图

离心试管用于定性分析中的沉淀分离。常见的离心管有尖底离心管、尖底刻度离心管和圆底刻度离心管等（图 1-9）。

（a）尖底离心管　　　（b）尖底刻度离心管　　　（c）圆底刻度离心管

图 1-9　常用离心管示意图

比色管主要用于比较溶液颜色的深浅，用于快速定量分析中的目视比色。常见比色管有开口和具塞两种（图 1-10）。

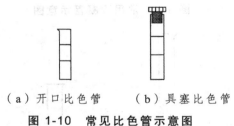

（a）开口比色管　　　（b）具塞比色管

图 1-10　常见比色管示意图

5. 干燥器

干燥器（图 1-11）的中下部口径略小，上面放置带孔的瓷板，瓷板上放置待干燥的物品，瓷板下面放有干燥剂。固态干燥剂可直接放在瓷板下面，液态干燥剂放在小烧杯中，再放到瓷板下面。常用的干燥剂有 P_2O_5、碱石灰、硅胶、$CaSO_4$、CaO、$CaCl_2$、$CuSO_4$、浓硫酸等。

图 1-11　干燥器示意图

　　干燥器主要用于保持固态、液态样品或产物的干燥，也用来存放需防潮的小型贵重仪器和已经烘干的称量瓶、坩埚等。使用干燥器时，要沿边口涂抹一薄层凡士林并涂抹均匀至透明，使顶盖与干燥器本身保持密合，不漏气。开启顶盖时，应稍稍用力使干燥器顶盖向水平方向缓缓错开，取下的顶盖应翻过来放稳。热的物体应冷却至略高于室温时，再移入干燥器内。干燥器内径从 100 mm 至 500 mm 不等。干燥器洗涤过后，要吹干或风干，切勿用加热或烘干的方法去除水汽。干燥器久存后或室温低时，若出现顶盖打不开的情况，可用热毛巾或暖风吹化的方式开启。

6. 试剂瓶

　　试剂瓶用于盛装各种试剂。常见的试剂瓶有细口试剂瓶、广口试剂瓶和滴瓶；附有磨砂玻璃片的广口试剂瓶常用作集气瓶（图 1-12）。细口试剂瓶和滴瓶常用于盛放液体药品，广口试剂瓶常用于盛放固体药品。试剂瓶有无色和棕色之分，棕色瓶用于盛装应避光的试剂。试剂瓶又有磨口和非磨口之分，一般非磨口试剂瓶用于盛装碱性溶液或浓盐溶液，使用橡皮塞或软木塞；磨口的试剂瓶用于盛装酸、非强碱性试剂或有机试剂，瓶塞不能调换，以防漏气。若长期不用，应在瓶口和瓶塞间加放纸条，便于开启。试剂瓶不能用火直接加热，不能在瓶内久贮浓碱、浓盐溶液。

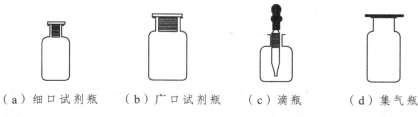

（a）细口试剂瓶　　（b）广口试剂瓶　　（c）滴瓶　　（d）集气瓶

图 1-12　常用试剂瓶示意图

7. 过滤瓶

过滤瓶也称抽滤瓶，主要供晶体或沉淀进行减压过滤时用（图 1-13）。

图 1-13　抽滤瓶示意图

8. 称量瓶

称量瓶主要用于使用分析天平时称取一定量的试样，不能用火直接加热，瓶盖是磨口的，不能互换。称量瓶有高型和扁型两种（图 1-14）。

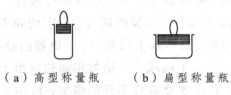

（a）高型称量瓶　　（b）扁型称量瓶

图 1-14　称量瓶示意图

9. 表面皿和蒸发皿

表面皿（图 1-15）主要用作烧杯的盖，防止灰尘落入和加热时液体迸溅等。表面皿不能直接用火加热。

图 1-15　表面皿

蒸发皿（图 1-16）有平底和圆底两种形状，主要用于使液体蒸发，耐高温，但不宜骤冷。蒸发溶液时一般放在石棉网上加热，如液体量多，可直接加热，但液体量以不超过深度的 2/3 为宜。

（a）平底蒸发皿　　（b）圆底蒸发皿

图 1-16　蒸发皿示意图

10. 研　钵

研钵（图 1-17）主要用于研磨固体物质，有玻璃研钵、瓷研钵、铁研钵和玛瑙研钵等。玻璃研钵、瓷研钵适用于研磨硬度较小的物料，硬度大的物料应用玛瑙研钵。研钵不能用火直接加热。

图 1-17　研钵示意图

11. 漏　斗

漏斗主要用于过滤操作和向小口容器倾倒液体。常见的有 60°角短管标准漏斗、60°角长管标准漏斗、筋纹漏斗和圆筒形漏斗（图 1-18）。筋纹漏斗内壁有若干凹筋，可以提高过滤速度。分液漏斗主要用于互不相溶的两种液体分层和分离，常见的有厚料球形、球形、梨形、梨形刻度、筒形和筒形刻度等。球形分液漏斗[1-18（e）]适用于萃取分离操作；梨形分液漏斗除用于分离互不相溶的液体外，在合成反应中常用来随时加入反应试液。有刻度梨形漏斗和筒形漏斗常用于控制加液速度。

（a）短管标准漏斗　（b）长管标准漏斗　（c）筋纹漏斗　（d）圆筒形漏斗　（e）分液漏斗

图 1-18　常用漏斗示意图

12. 量筒和量杯

量筒[图 1-15（a）]和量杯[图 1-15（b）]主要用于量取一定体积的液体。常用于量取体积要求不是很精确的试剂，读数时注意视线与液体凹液面平行（图 1-20）。

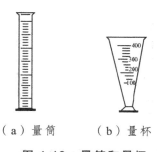

（a）量筒　　（b）量杯

图 1-19　量筒和量杯

图 1-20　视线与度量的关系

13. 容量瓶

容量瓶用于配制体积要求精确的溶液或用于溶液的定量稀释,常用容量瓶见图 1-21。容量瓶不能加热,瓶塞是磨口的,不能互换,以防漏水。容量瓶有无色和棕色之分,棕色瓶用于配制需要避光的溶液。

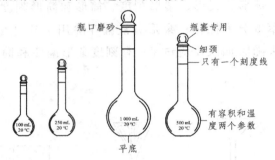

图 1-21　常见容量瓶示意图

14. 滴定管

滴定管是滴定时使用的精密仪器,用来测量自管内流出溶液的体积,有常量和微量滴定管之分。常量滴定管有酸式和碱式两种(图 1-22),酸式滴定管用来盛盐酸、氧化剂、还原剂等溶液;碱式滴定管用来盛碱溶液。滴定管有无色和棕色之分,无色的滴定管又有带蓝线和不带蓝线两种。主要规格有 10、25、50、100 mL 等。

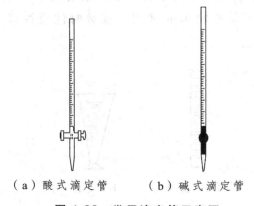

（a）酸式滴定管　　　　（b）碱式滴定管

图 1-22　常用滴定管示意图

15．移液管

移液管也叫吸管，用于准确移取一定体积的液体。常见的有刻度移液管和单标记移液管（图 1-23）。

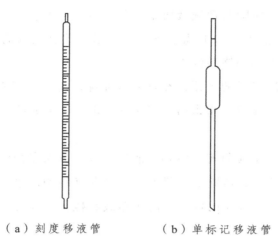

（a）刻度移液管　　　（b）单标记移液管

图 1-23　常用移液管示意图

16．标准磨口仪器

标准磨口仪器是指标准磨塞和标准磨口的直径都采用国际通用的统一尺寸，其锥度比例均为 1∶10，由硬质玻璃制成的仪器。同类规格的标准磨口仪器可任意互换。这类仪器的品种有：烧瓶、过滤瓶、冷凝管、接管、蒸馏头、分液漏斗等。使用标准磨口仪器，口与塞对合后，不要在干态下转动摩擦，以免损伤磨面。

（二）玻璃仪器的洗涤、干燥

1．洗　涤

无机化学实验过程中经常使用各种玻璃仪器和瓷器，为了保证实验结果的准确，必须在每次实验前后将仪器清洗干净。仪器的洗涤方法有如下几种：

（1）用水洗：可以洗去水溶性物质，也可将附着在仪器上的尘土等洗脱下来。

（2）用去污粉、肥皂洗：可除去附着在仪器上的油污。

（3）用浓酸洗：可以洗去附着在器壁上的氧化剂，如二氧化锰等。

（4）用铬酸洗液洗：对于一些容积精确、形状特殊不便刷洗的仪器，可用洗液（浓硫酸和重铬酸钾饱和溶液等体积配制而成）清洗，方法是往仪器内加入少量洗液，将仪器倾斜慢慢转动，使内壁全部被洗液湿润，反复操作数次后把洗液倒回原瓶，然后用自来水把仪器内壁上的残留液洗去。对于被污染严重的仪器，可先用洗液浸泡一段时间后再洗涤，效果会更好。

铬酸洗液在使用时要注意：不能溅到身上，以防"烧"破衣服和损伤皮肤；第一、二遍洗涤水应倒在废液缸中进行回收处理，以免污染环境[Cr(Ⅳ)有毒]；洗液的吸水性很强，应随时把洗液瓶塞盖紧，以免失效。

（5）用盐酸-酒精（1∶2）洗涤液洗：适用于被有机试剂染色过的比色皿。比色皿应避免使用毛刷和铬酸洗液。

采用以上方法洗涤后的仪器，经自来水冲洗，还残留有 Ca^{2+}、Mg^{2+} 等离子，若需除掉这些离子，还应使用去离子水洗 2～3 次，用水量应遵循"少量多次"的原则。

洗净的仪器壁上不应附着不溶物、油垢，可以被水完全湿润。把仪器倒转过来，如果水沿器壁流下，器壁上只留下一层既薄又均匀的水膜，而不挂水珠，则表示仪器已经洗净。已洗净的仪器不能用布或纸擦拭，因为布或纸的纤维会留在器壁上而弄脏仪器。

2．干　燥

（1）烘干：洗净的仪器滴干水后，可放在烘箱内烘干。

（2）烤干：常用于可加热或耐高温的仪器，如烧杯、蒸发皿、试管等。加热前应先将仪器外壁擦干。对烧杯、蒸发皿等仪器，可置于石棉网上用小火烤干。而试管则可直接用小火烤干，但必须使管口向下倾斜，以免水珠倒流，使试管炸裂。火焰不要集中在试管的某一个部位，应从试管底部开始，缓慢往下移至管口，如此反复烘烤至不见水珠后，再将管口朝上，把水汽赶尽。

（3）晾干：将洗净的试管倒置在试管架上，烧杯、锥形瓶等挂在晾板上，表面皿、蒸发皿等倒置于仪器柜内，令其自然干燥。

（4）借助有机溶剂干燥：一些带有刻度的计量仪器，不能用加热的方法进行干燥，一般可采用晒干或有机溶剂干燥的方法，吹风时宜用冷风。有机溶剂干燥是将少量易挥发的有机溶剂（常用酒精或丙酮）倒入已洗净的仪器中，转动仪器使容器中的水与其混合，倾出混合液（需回收），晾干或用电吹风将仪器吹干（不能放烘箱内干燥），吹干后再吹冷风使仪器逐渐冷却。

3．练　习

洗涤并烤干两支试管、一个烧杯，交给指导教师检查。

二、常见试剂的规格、存放和取用

1. 化学试剂的纯度规格

化学试剂的纯度级别一般标注在试剂瓶标签的左上方，规格标注在标签的右端，并用不同颜色的标签加以区别。按照药品中杂质含量的多少，我国生产的化学试剂的等级标准基本上可分为四级，见表1-1。

表1-1 化学试剂等级对照表

质量次序		1	2	3	4	5
我国化学试剂等级标志	级别	一级品	二级品	三级品	四级品	—
	中文标志	保证试剂	分析试剂	化学纯	实验试剂	生物试剂
		优级纯	分析纯	纯	实验试剂	
	符号	GR	AR	CP	LR	BR
	瓶签颜色	绿色	红色	蓝色	棕色等	黄色等
适用范围		纯度很高，适用于精密分析工作和科学研究工作	纯度仅次于一级品，适用于一般定性、定量分析工作和科学研究工作	纯度较二级差些，适用于一般定性分析工作	纯度较低，适合用作实验辅助试剂及一般化学制备	

2. 化学试剂的包装规格

化学试剂的包装单位是根据化学试剂的性质、纯度、用途及其价值而确定的。包装单位的规格是指每个包装容器内盛装化学试剂的净重或体积，一般固体试剂为500 g一瓶，液体试剂为500 mm一瓶。国产化学试剂规定为五类包装：

（1）稀有元素及超纯金属等贵重试剂。由于其价格昂贵，包装规格分为0.1、0.25、0.5、1、5 g（或mL）等五种。

（2）指示剂、生物试剂及供分析标准用的贵重金属元素试剂。由于价格较贵，包装规格有5、10、25 g（或mL）等三种。

（3）基准试剂、较贵重的固体或液体试剂，包装规格为25、50、100 g（或mL）等三种。

（4）各实验室广泛使用的化学试剂，一般为固体或有机液体的化学试剂，包装规格为250、500 g（或mL）等两种。

（5）酸类试剂及纯度较差的实验试剂，包装规格一般为0.5、1、2.5、5 kg（或L）等四种。

3．试剂的存放

物质的保存方法，与其物理和化学性质有关。

（1）密封

多数试剂都要密封存放，这是实验室保存试剂的一个重要原则。主要试剂类型有以下几种：

① 易挥发的试剂，如浓盐酸、浓硝酸、浓溴水等。

② 易与水蒸气、二氧化碳作用的试剂，如无水氯化钙、苛性钠、水玻璃等，应严格密封（应该蜡封）。

③ 易被氧化的试剂（或还原性试剂），如亚硫酸钠、氢硫酸、硫酸亚铁等。

（2）避光

见光或受热易分解的试剂，要避免光照，置阴凉处，如硝酸、硝酸银等，一般应盛放在棕色试剂瓶中。

（3）防蚀

对有腐蚀性的试剂，要注意防蚀。如氢氟酸不能放在玻璃瓶中，强氧化剂、有机溶剂不可用带橡胶塞的试剂瓶存放，碱液、水玻璃等不能用带玻璃塞的试剂瓶存放。

（4）抑制

对于易水解、易被氧化的试剂，要加一些物质抑制其水解或被氧化。如氯化铁溶液中常滴入少量盐酸，硫酸亚铁溶液中常加入少量铁屑。

（5）隔离

易燃有机物要远离火源，强氧化剂（过氧化物或有强氧化性的含氧酸及其盐）要与易被氧化的物质（炭粉、硫化物等）隔开存放。

（6）通风

多数试剂的存放，要遵循这一原则。特别是易燃有机物、强氧化剂等。

（7）低温

对于室温下易发生反应的试剂，要采取措施低温保存。如苯乙烯和丙烯酸甲酯等不饱和烃及其衍生物在室温时易发生聚合，过氧化氢易发生分解，因此要在10 ℃以下的环境保存。

（8）特殊

特殊试剂要采取特殊措施保存。如钾、钠要放在煤油中，白磷放在水中，液溴极易挥发，要在其上面覆盖一层水等。

大部分试剂都具有多重性质，在保存时要综合考虑各方面因素，遵循相应的原则。

4．化学试剂的取用原则

试剂取用原则是既要质量准确又必须保证试剂的纯度（不受污染）。

（1）不污染试剂

不直接用手接触试剂，已取出的试剂不得倒回原试剂瓶。一旦取多可放在指定容器内或供他人使用，一般不许倒回原试剂瓶中。固体试剂用干净的药匙或镊子取用，试剂瓶盖不得张冠李戴、胡乱取放。

（2）力求节约

按要求选用不同规格的试剂。试剂不是越纯越好，超越具体条件盲目追求高纯度会造成浪费；也不能随意降低规格而影响测定结果的准确度。

实验中试剂用量应按照规定量取，"少量"固体试剂对常量实验一般指"半个黄豆粒大小"的体积，对微型实验约为常量体积的 1/5～1/10。"少量"液体试剂对常量实验一般是指 0.5～1.0 mL，对微型实验一般指 3～5 滴（1 mL 溶液约20 滴）。未注明用量时，应尽可能少取。

5．固体试剂的取用

固体试剂装在广口瓶内。见光易分解的试剂，如 $AgNO_3$、$KMnO_4$ 等，要装在棕色瓶中，试剂瓶上的标签要写清名称、规格。

（1）用药匙取用固体试剂

取用固体试剂的药匙要干燥而洁净，且专匙专用。药匙用牛角、塑料或不锈钢制成，两端分别为大小两个匙，取大量试剂用大匙，取少量试剂用小匙。将固体试剂放入试管时，可将药匙伸入试管 2/3 处[图 1-24（a）]，直立试管，将试剂放入；或者取出试剂，放置于一张对折的纸条上，再伸入试管中[1-24（b）]，块状固体则应沿管壁慢慢滑下。试剂取用后应立即将瓶塞盖严，并放回原处。

（2）用称量纸取用固体试剂

要求称取一定重量的固体试剂时，可把固体放在干净的称量纸上或表面皿上，再根据要求在台秤或分析天平上进行称量。具有腐蚀性或易潮解的固体（如 NaOH）不能放在纸上，而应放在玻璃容器（小烧杯或表面皿）内进行称量。

（a）　　　　　　　　　　　　　　　　　（b）

图 1-24　往试管里送入固体粉末

6. 液体试剂的取用

液体试剂装在细口瓶或滴瓶内，瓶上的标签要写清名称、浓度、配制日期。

（1）细口瓶

倾注法→试管、量筒

先将瓶塞反放在桌面上，用左手的拇指、食指和中指拿住容器，用右手拿起试剂瓶，倾倒时瓶上的标签要朝向手心（虎口），以免瓶口残留的少量液体沿瓶壁流下而腐蚀标签。瓶口靠紧容器，使倒出的试剂沿器壁流下。倒出需要量后，慢慢竖起试剂瓶，使流出的试剂都流入容器中（图 1-25）。

图 1-25　液体试剂的倾倒　　　　1-26　往烧杯中倒入液体试剂

② 倾注法→烧杯

左手持玻璃棒，让试剂瓶口靠在玻璃棒上，使试液沿玻璃棒流入烧杯。倒毕，将瓶口顺玻璃棒向上提一下再离开玻璃棒，使瓶口残留的溶液沿玻璃棒流入烧杯（图 1-26）。

（2）滴瓶

① 倾注法→烧杯、量筒、试管

方法同细口瓶。

② 滴入→烧杯、量筒、试管

取试剂时，先提起滴管离开液面，捏瘪胶帽赶出空气，再插入溶液中吸取试剂。滴加溶液时滴管要垂直，这样滴入液滴的体积才能准确。滴管口应距接收容器口 0.5 cm 左右，以免与器壁接触使滴瓶内试剂受到污染（图 1-27）。滴管不能倒持，以防试剂腐蚀胶帽，使试剂变质。不能用自己的滴管取公用试剂，如试剂瓶不带滴管又需取少量试剂，可把试剂按需要量倒入小试管中，再用自己的滴管取用。

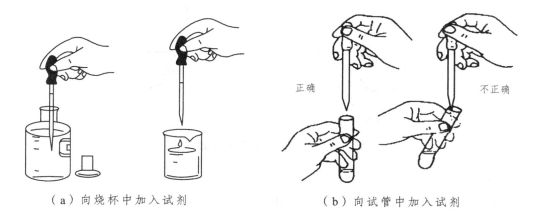

（a）向烧杯中加入试剂　　　　　　（b）向试管中加入试剂

正确　　　　不正确

图 1-27　用滴管滴加试剂示意图

　　注意：一旦有试剂流到瓶外，要立即擦净，切记不可使试剂沾染标签。倒完试剂后，瓶塞须立刻盖回原来试剂瓶上，把试剂瓶放回原处，并使瓶上的标签朝外。要准确量取溶液，根据准确度和量的要求，可选用量筒、移液管或滴定管，读数时要读弯月面的最低点（图 1-28）。

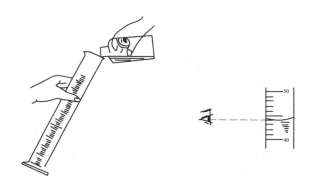

图 1-28　液体的量取

三、酒精灯和酒精喷灯的使用

1. 酒精灯

（1）构造

　　酒精灯一般是玻璃制的，它由灯帽、灯芯、灯壶构成[图 1-29（a）]。火焰温度通常在 400～500 ℃，内层焰心温度最低，中间内焰（还原焰）温度较高，外层外焰（氧化焰）温度最高，一般用外焰加热[图 1-29（b）]。

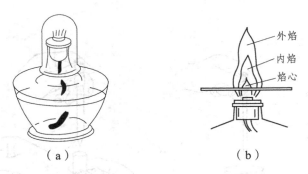

外焰
内焰
焰心

（a）　　　　　　　　　（b）

图 1-29　酒精灯（a）及其火焰（b）

（2）使用方法

① 检查灯芯，并修整，灯芯须先用酒精浸泡，否则会烧焦。

② 用火柴点燃，绝对禁止用燃着的酒精灯点燃另一酒精灯，否则酒精洒出会引发火灾。

③ 熄灭火焰时，切勿用嘴吹，应用灯罩盖上使火焰熄灭，然后再提起灯罩，待灯口稍冷再盖上灯罩，防止因冷却后造成的负压影响灯罩的再次打开。不用时须将灯罩罩上，以免酒精挥发。

④ 灯壶需要添加酒精时，应先把火焰熄灭，再用漏斗添加酒精，但应注意灯内酒精不能装得太满，一般不超过其总容量的 2/3。

（3）加热方式

加热液体时，容器盛装的液体不宜超过该容器总容量的一半。加热方式分为直接加热和间接加热两种。

① 液体直接加热

用试管直接加热液体时，应用试管夹夹持试管的中上部，以免烧坏试管夹，试管应稍微倾斜至与桌面成 45°角，管口向上（不能对着人，防止溶液溅出时烫伤人）；加热过程中要不停地上下移动，使液体各部分受热均匀，如集中加热某一部分，将导致液体局部受热产生蒸气，冲出管外（图 1-30）。烧杯、烧瓶等玻璃仪器加热时必须放在石棉网上（图 1-31），否则容易因受热不均而破裂。

（a）错误操作　　　（b）错误操作　　　（c）正确操作

图 1-30　用试管加热液体

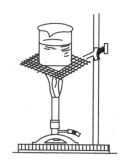

图 1-31　用烧杯加热液体

② 液体间接加热

可用水浴、蒸气浴、油浴和沙浴对液体间接加热。水浴、蒸气浴适用于被加热的物质要求受热均匀且温度不超过 100 ℃ 的情况，可先将容器中的水煮沸，再用水蒸气来加热[图 1-32（a）]。水浴加热可直接在恒温水浴锅[图 1-32（b）]中进行，也可用盛水的烧杯代替水浴锅进行水浴加热[图 1-32（c）]。离心试管由于管底玻璃较薄，不宜直接加热，应采用水浴加热的方式加热。

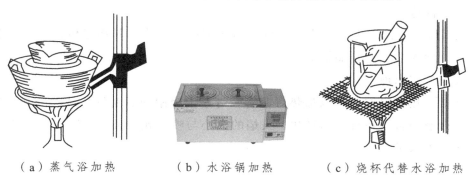

（a）蒸气浴加热　　　　（b）水浴锅加热　　　（c）烧杯代替水浴加热

图 1-32　液体间接加热方式

油浴使反应物受热均匀，适用于加热温度为 100～350 ℃ 的情况（反应物的温度一般应低于油浴液温度 20 ℃ 左右）。操作方法与水浴相同，但操作要谨慎，防止油外溢或油浴升温过高，引起失火。

沙浴一般是用铁盆装干燥的细海沙（河沙），将反应容器半埋于沙中加热，适用于加热温度在 250～350 ℃ 的情况。

固体可用试管直接加热，加热时必须使试管口略向下倾斜、以免凝结在试管上的水珠流到灼热的管底，使试管炸裂。试管可用试管夹夹持起来加热，也可用铁夹固定起来加热（图 1-33）。

加热较多的固体时，可在蒸发皿中进行，但应注意充分搅拌，使固体受热均匀。蒸发皿、坩埚灼热时，可放在泥三角上。如需移动，则必须用坩埚钳夹取。

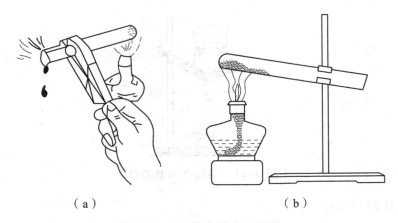

（a）　　　　　　　　　　　　　　　（b）

图 1-33　加热试管中的固体

试管、烧杯、烧瓶、瓷蒸发皿等器皿加热前必须将器皿外壁的水擦干，加热后，不能立即与潮湿的物体接触。

2．酒精喷灯

（1）构造

酒精喷灯（图 1-34）的火焰温度可达 1 000 ℃ 左右，其构造包括灯管、空气调节器、预热盘、酒精储罐等。

（2）工作原理

点燃预热盘内的酒精以加热灯芯管，灯芯上吸附的酒精汽化从喷气孔喷出，遇空气火焰会自动在灯管口产生。火焰的大小与喷气孔的大小、酒精蒸气的压强和空气的进入量有关。

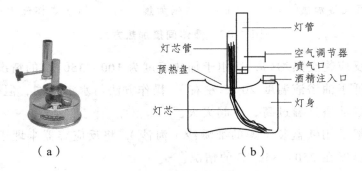

（a）　　　　　　　　　　　　　（b）

图 1-34　酒精喷灯及其构造

（3）使用方法

① 使用前应先将灯身倒置，使灯芯吸上酒精。

② 往预热盘内添加酒精并点燃。

③ 酒精将燃完时，开酒精储罐下面的开关。

④ 灯管已预热，酒精即汽化，与来自气孔的空气相混合，用火柴在灯管口点燃即得温度很高的火焰，用空气调节器调节火焰大小。

⑤ 用毕后，可用事先准备的废木板（或湿布）平压灯管上方，火焰即可熄灭，然后垫着布旋松螺旋盖（以免烫伤），使罐内温度较高的酒精蒸气逸出。

（4）注意事项

① 酒精的注入量应为灯身容积的 1/4 ~ 3/4，过多会喷出酒精壶，过少则会使灯芯烧焦。若酒精喷灯长期不使用，须将酒精壶内剩余的酒精全部倒出。

② 喷灯在工作半小时后应停止使用，用水或湿抹布给灯身降温后添加酒精方可使用。

③ 决不能在灯身尚热的情况下往预热盘内或灯身内添加酒精。

④ 若酒精喷灯的酒精壶底部凸起，则不能再使用，以免发生事故。

四、简单玻璃工操作

1. 玻璃管的截断

玻璃截断操作分为挫痕和折断两步。

（1）挫痕

把玻璃管平放在桌子边缘上，拇指按住要截断的地方，用三角锉刀棱边用力挫出挫痕，挫痕时只向一个方向即向前或者向后挫去，不能来回拉挫（图 1-35）。

（2）折断

两手分别握住凹痕的两边，凹痕向外，两个大拇指分别按住凹痕后面的两侧轻轻一压带拉，折成两段（图 1-36）。

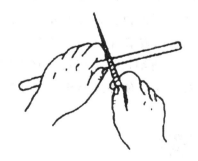 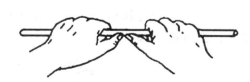

图 1-35　挫痕操作示意图　　　　图 1-36　折断操作示意图

2. 管口的制作

将管口放入火焰中加热以熔去锋利的断口。

3. 玻璃管的弯曲

将弯曲部位先放在火焰上预热，再放入氧化焰中加热。加热时，要求两手均匀缓慢地向同方向转动玻璃管，不能向内或向外用力，避免改变管径。当受热部位软化后，离开灯焰，轻轻弯成一定角度（约 20°），如此反复操作，直到弯成所需角度即可。最后在管口轻轻吹气使弯曲处圆滑（图 1-37）。

注意：① 在火焰上加热尽量不要往外拉。

② 放在石棉网上自然冷却。

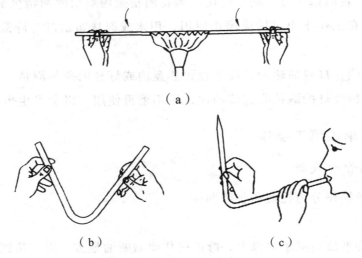

图 1-37　玻璃管的弯曲

4. 玻璃管的拉伸

（1）滴管的制作

取一根玻璃管，双手持握两端，中间部位小火预热后，于氧化火焰中左右往复移动加热，待玻璃管烧至微红变软，旋转并使其缓慢拉长，切割成尾管，拉伸部分要圆且直（图 1-38）。冷却后，用砂片在拉细的玻璃管中央轻轻划一下，两手分别执玻璃管两端轻轻一拉，便将其一分为二。将细口端在弱火中轻轻熔光，粗口端在强火中均匀烧软后，垂直于石棉网上按一下，使外缘突出。冷却后，装上乳胶头，即成两支滴管。

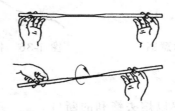

图 1-38　滴管的制作

（2）毛细管的制作

先将玻璃管内部洗净后烘干。拉制手法与滴管制作时一样，只是玻璃管要烧得更软些，受热部位红黄时，从火焰中移出，两手平稳地、边往复旋转边水平拉伸，拉伸速度先慢后快，直到拉成需要的规格为止。冷却后，用砂片截取 15 cm 长，并将两端于酒精灯的小火焰边缘处不断转动熔光。

五、橡皮塞的钻孔

（1）橡皮塞选配

塞子进入瓶颈或管颈的部分不应小于塞子本身高度的 1/3，也不大于 2/3，一般在 1/2 为宜。

（2）钻孔

将塞子小的一端朝上，左手扶住，右手持钻孔器（可在钻孔器上涂少许甘油或水作为润滑剂）施加压力，顺时针方向旋转，要垂直转入，转至 1/2 时，逆时针旋出（图 1-39）。然后从另一面钻孔，最后用圆锉刀修复。

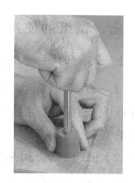

图 1-39　橡皮塞的钻孔

六、温度计的使用

温度计是实验室中用来测量温度的仪器。其中利用物质的体积、电阻等物理性质与温度的函数关系制成的温度计为接触式温度计。测温时必须将温度计触及被测体系，使温度计和被测体系达成热平衡，二者温度相等，从而由被测物质的特定物理参数直接或间接地换算成温度。如水银温度计就是根据水银的体积直接在玻璃管上刻以温度值。每支温度计都有一定的测温范围，水银温度计可用于 $-30 \sim 360\ ^\circ\mathrm{C}$；测量低于 $-30\ ^\circ\mathrm{C}$，甚至于 $-200\ ^\circ\mathrm{C}$ 的温度时，可以使用封在玻璃管中的不同烃类化合物所制成的温度计；若要测量高温，可用热电偶或辐射高温计等来测量。

注意：（1）根据所测温度的高低选择合适的温度计，实验室中常用的水银温度计有 $0 \sim 100\ ^\circ\mathrm{C}$、$0 \sim 250\ ^\circ\mathrm{C}$、$0 \sim 360\ ^\circ\mathrm{C}$ 三种规格，例如，要测量温度在 $200\ ^\circ\mathrm{C}$ 左右时，最好选择 $0 \sim 250\ ^\circ\mathrm{C}$ 的温度计，而不要选 $0 \sim 100\ ^\circ\mathrm{C}$（易胀破）或 $0 \sim 360\ ^\circ\mathrm{C}$（精度差）的温度计。

（2）根据实验要求选择合适精度的温度计，如利用冰点下降法测化合物的分子量时，最好选用刻度为 1/10 的温度计，可准确测到 $0.01\ ^\circ\mathrm{C}$。对于一般的温度，则没有必要使用如此高精度的温度计（价格偏高）。

（3）利用温度计测量时，要使温度计浸入液体的适中位置，不要使温度计接触容器的底部或内壁。

（4）不能将温度计当玻璃棒使用，以免碰破水银球。

（5）刚刚测量高温的温度计取出后不能立即用凉水冲洗，也不要立即接触低温物体，以免水银球炸裂。

（6）使用温度计时要轻拿轻放，不要随意甩动。若温度计不慎被打碎，要立即告诉指导教师，撒出的水银应立即回收；不能回收者，要立即用硫黄覆盖清扫。

七、试纸的使用

1. 试纸的种类及性能

（1）石蕊（红色、蓝色）试纸：用来定性检验气体或溶液的酸碱性。pH < 5 的溶液或酸性气体能使蓝色石蕊试纸变红；pH > 8 的溶液或碱性气体能使红色石蕊试纸变蓝。

（2）pH 试纸：用来粗略测量溶液 pH 值（酸碱性）。pH 试纸遇到酸碱性强弱不同的溶液时，显示出不同的颜色，可与标准比色卡对照确定溶液的 pH 值。

巧记颜色：赤（pH = 1 ~ 2）、橙（pH = 3 ~ 4）、黄（pH = 5 ~ 6）、绿（pH = 7 ~ 8）、青（pH = 9 ~ 10）、蓝（pH = 11 ~ 12）、紫（pH = 13 ~ 14）。

（3）淀粉-碘化钾试纸：用来定性地检验氧化性物质（如 Cl_2 等）的存在。遇较强的氧化剂时，碘化钾会被氧化成碘单质，碘单质与淀粉作用而使试纸显示蓝色。反应式为

$$2I^- + Cl_2 == I_2 + 2Cl^-$$

当气体的氧化性强且浓度较大时，还可以将 I_2 进一步氧化而使试纸褪色。反应式为

$$I_2 + 5Cl_2 + 6H_2O == 2HIO_3 + 10Cl^- + 10H^+$$

使用时必须仔细观察试纸颜色的变化，以免得出错误的结论。

（4）醋酸铅（或硝酸）试纸：用来定性地检验 H_2S 气体和含硫离子的溶液。遇 H_2S 气体或 S^{2-} 时，因生成黑色的 PbS 使试纸变黑色。

$$Pb(Ac)_2 + H_2S == PbS（s）\downarrow + 2HAc$$

若溶液中 S^{2-} 的浓度较小，则不易检出。

（5）品红试纸：用来定性地检验某些具有漂白性的物质的存在。遇到 SO_2 等有漂白性的物质时会褪色。

2. 试纸的使用方法

（1）检验溶液的性质：取一小块试纸置于表面皿或玻璃片上，用沾有待测液的玻璃棒或胶头滴管点于试纸的中部，观察颜色的变化，判断溶液的性质。

（2）检验气体的性质：先用蒸馏水把试纸润湿，粘在玻璃棒的一端，用玻璃棒把试纸靠近气体，观察颜色的变化，判断气体的性质。

3. 注意事项

（1）试纸不可直接伸入溶液。

（2）试纸不可接触试管口、瓶口、导管口等。

（3）测定溶液的 pH 时，试纸不可事先用蒸馏水润湿，因为润湿试纸相当于稀释被检验的溶液，这会导致测量不准确。正确的方法是用蘸有待测溶液的玻璃棒点滴在试纸的中部，待试纸变色后，再与标准比色卡比较来确定溶液的 pH。

（4）取出试纸后，应将盛放试纸的容器盖严，以免被实验室内的一些气体污染。

八、练习常用实验装置的连接与装配

仪器安装的正确与否，直接影响实验的成败。在安装各类仪器时一般遵循以下原则：

（1）仪器与配件的规格和性能要适当。

如反应烧瓶中所盛物料一般为其容积的 1/2～2/3；烧瓶有圆底和平底之分，圆底烧瓶常用于需要加热的反应中。

（2）仪器与配件在安装前要洗涤和干燥。

（3）仪器与配件上的塞子要在组装之前配置好。

使用橡皮塞连接或固定装置时，一般应先用甘油或水润湿玻璃管（棒）或温度计欲插入的一端，然后一手持塞子，一手握住玻璃管（棒）或温度计距塞子 2～3 cm 处，均匀而缓慢地将其旋入塞孔内，不能用顶进的方法强行插入。

（4）安装仪器时，应选好主要仪器的位置，一般按先下后上、由左到右，逐个将仪器连接并固定在铁架台上。要尽量使仪器的中心线都在一个平面内。拆卸的顺序则与组装相反。拆卸前，应先停止加热，移走热源，待稍微冷却后，再逐个拆掉。拆冷凝管时注意不要将水洒到电热套内。

（5）固定仪器用的铁夹上应套有耐热橡皮管或贴有绒布，不能使铁器与玻璃仪器直接接触。铁夹在夹持时，不应太松也不能太紧，加热的仪器要夹住受热最低的部位，冷凝管应夹在受力的中央部位。组装的仪器装置应正确、稳妥、严密、整齐、美观、便于操作。

（6）常用仪器和实验装置图的绘制（视图法）。

① 单个仪器：分步画法，注意对称，先直后弯，先大后小（图1-40）。

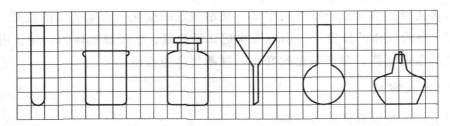

图 1-40　单个仪器的绘制

② 成套仪器（立体图和透图）

a. 先画位置、轮廓，再画点线。

b. 先画主体，后画配件，分步完成。

c. 注意各部比例，选用同一角度侧视（图1-41）。

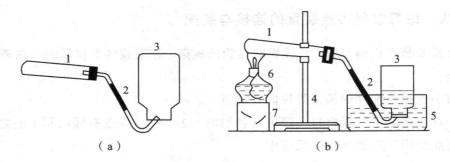

（a）　　　　　　　　　　（b）

图 1-41　成套仪器的绘制

请按照以上原则，自制毛细管和滴管，练习常见实验装置如抽滤装置、常压过滤装置、水浴加热装置等的装配。

项目二　基础无机化学实验

任务一　一般性操作实验

实验一　蒸发、结晶和过滤

一、实验目的

（1）熟悉混合物分离与提纯的基本方法。

（2）掌握蒸发、结晶和过滤的基本原理与方法。

（3）掌握蒸发、结晶和过滤的基本实验操作。

二、实验用品

仪器：布氏漏斗（$\phi 9$ cm）、抽滤瓶（500 mL）、蒸发皿、铁架台、瓷坩埚、定性滤纸（$\phi 9$ cm）、漏斗架、长颈漏斗、循环水真空泵、恒温水浴锅。

试剂：氯化钠（加碘盐）。

三、实验原理

1. 混合物的分离与提纯

（1）基本概念

物质的分离：将混合物中各物质经过物理或化学变化，把各成分彼此分开的过程。

物质的提纯：把混合物中的杂质除去，以得到纯净物的过程。

（2）操作原则

四原则：① 不增：提纯过程中不增加新的杂质。② 不减：不减少被提纯的物质。③ 易分离：被提纯物与杂质容易分离。④ 易复原：被提纯物质易复原。

三必须：① 除杂试剂必须过量。② 过量试剂必须除尽（过量试剂引入新的杂质）。③ 除杂途径必须选最佳。

（3）基本实验方法：蒸发、结晶、过滤、蒸馏与萃取分液。

2．蒸　发

为了使溶质从溶液中析出，常采用加热的方法使水分不断蒸发，从而使溶液不断地浓缩而析出晶体。溶液的蒸发通常在蒸发皿中进行（只限于水溶液，有机溶液必须用蒸馏），因为它的表面积较大，有利于加速蒸发。应用蒸发皿蒸发溶液时应注意以下几点：

（1）蒸发皿内所盛液体的体积不应超过其容积的2/3。

（2）蒸发过程应缓慢进行，不能将溶液加热至沸腾。

（3）蒸发过程应在水浴锅上进行，少数情况下可放在石棉网上加热，不可用火直接加热。

（4）蒸发过程中应不断搅拌，拨下由于体积缩小而留在液面边缘的固体。

（5）从蒸发皿倒出液体时，应从嘴沿边搅拌边倒出。

（6）溶液浓缩程度视溶质溶解度大小而不同，但应尽量避免溶液蒸发至干。若需蒸发至干，应在蒸发至近干时即停止加热，让残液依靠余热自行蒸干，这样可避免固体溅出，同时可防止物质分解。

3．结晶与重结晶

（1）结晶

结晶是根据混合物中各组分在一种溶剂中的溶解度不同，通过蒸发减少溶剂使溶液浓度增加，或改变溶液温度，使溶解度较小的物质析出晶体而分离的方法。

在化合物的制备中，经常要使用到蒸发（浓缩）、结晶的操作。

① 蒸发（浓缩）

当溶液很稀而所制备的化合物溶解度又较大时，为了能从中析出该物质的晶体，必须通过加热使溶液不断浓缩，蒸发到一定程度时冷却，就可析出晶体。当物质的溶解度较大时，必须蒸发到溶液表面出现晶膜时才停止，可以随水分的蒸发逐渐添加待浓缩的溶液。

② 结晶

当溶液蒸发到一定浓度后冷却，就会从中析出溶质的晶体。析出晶体的颗粒大小与结晶条件有关，溶液的浓度较高、溶质在水中的溶解度随温度下降而减小越显著、冷却得越快，则析出的晶体就越细小，否则就得到较大颗粒的结晶。搅拌溶液和静置溶液，会得到不同的效果，前者有利于细小晶体的生成，后者有利于大晶体的生成。若溶液容易发生过饱和现象，可以用搅拌、摩擦器壁或投入几粒小晶体（晶种）等办法消除。

（2）重结晶

如果第一次结晶所得物质的纯度不符合要求，可进行重结晶。重结晶是提纯固体物质常用的方法之一，通常用于溶解度随温度显著变化的化合物，对于溶解度受温度影响很小的化合物不适用。

4. 过　滤

当沉淀和溶液的混合物通过过滤器（如滤纸）时，沉淀留在滤纸上，称为滤饼，而溶液通过过滤器进入容器中，称为滤液，这是一种固液分离最常用的操作方法。如果溶液中的固体是杂质或不需要的产品，可通过过滤的方法将固体（杂质）与液体分开而弃去或回收，若溶液中的固体是所需要的产品，则需采用过滤的方法将固体与液体分开而取出。

常用的过滤方法有：常压过滤、减压过滤和热过滤三种。

（1）常压过滤

常压过滤是在常压下用普通漏斗过滤，它最常用、最简便，因此又称为普通过滤。该方法适用于过滤胶状沉淀或细小的晶体沉淀，其缺点是过滤速度较慢。所用的仪器主要是过滤器（普通漏斗和滤纸组成）和漏斗架（也可用铁架台和铁圈代替）。过滤之前，按沉淀物的多少选择合适的普通漏斗，并根据漏斗的大小选择合适的滤纸。滤纸分为定性滤纸和定量滤纸两种，按滤纸空隙的大小可分为快速滤纸、中速滤纸、慢速滤纸三种。

① 滤纸的折叠与安放。

用洁净的手将圆形滤纸对折，然后再对折，展开后成 60°角的圆锥形，一边为一层，另一边为三层[图 2-1（a）]。将折好的滤纸放入漏斗中，滤纸应与漏斗密合。可将滤纸三层外面的两层撕下一角（保存于干燥的表面皿中，以备擦拭烧杯中残留的沉淀用），然后用食指按在漏斗内壁上，使漏斗与滤纸紧贴[图 2-1（b）]。滤纸应在漏斗边缘下 1 cm 左右。放置好滤纸后，用手按三层滤纸的一边，从洗瓶中吹出少量蒸馏水润湿滤纸并用玻璃棒轻压滤纸，赶出气泡，使滤纸锥体上部与漏斗壁刚好贴合。加蒸馏水至滤纸边缘，漏斗颈内应全部充满水并形成水柱。形成水柱的漏斗，可借水柱的重力抽吸漏斗内的液体，使过滤速度加快。若漏斗颈内没有形成水柱，可用手指堵住漏斗下口，将滤纸的一边稍掀起，用洗瓶向滤纸与漏斗之间的空隙里加水，使漏斗颈和锥体的大部分被水充满，之后压紧滤纸边，松开堵住下口的手指，即可形成水柱。

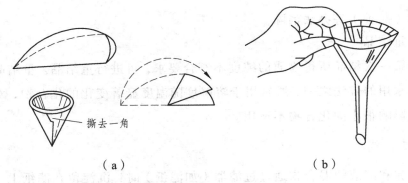

撕去一角

（a）　　　　　　　　　（b）

图 2-1　滤纸的折叠（a）与安放（b）

② 安放漏斗。

将洁净的漏斗放在漏斗架上，下面放一洁净的盛接滤液的烧杯，应使漏斗颈口斜面长的一边紧贴烧杯内壁，这样滤液可以沿杯壁流下，可加快过滤速度，也可避免溶液溅出。注意漏斗的放置高度应以其颈的出口不触及烧杯中的滤液为宜（图 2-2）。

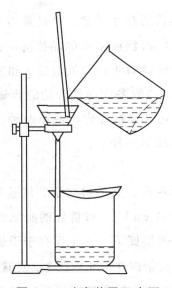

图 2-2　过滤装置示意图

③ 过滤。

过滤一般分为三个阶段：第一阶段采用倾析法，尽可能地过滤清液，第二阶段是将沉淀转移到漏斗上，第三阶段是清洗烧杯和洗涤漏斗上的沉淀。

待沉淀沉降后，先将上层清液转入漏斗中，沉淀尽可能留在烧杯中。待倾出上层清液后，再往烧杯中加洗涤液，用玻璃棒充分搅拌后静置，待沉降后再倾出上层清液。这样既可充分洗涤沉淀，又不至于使沉淀堵塞滤纸，从而可加快过滤速度。右手持玻璃棒，将玻璃棒垂直立于滤纸三层部分的上方，但不要接触滤纸，这样玻璃棒不会破坏滤纸。左手拿烧杯，让杯嘴贴着玻璃棒，慢慢倾斜烧杯，尽量不要使沉淀浮起，将上层清液沿玻璃棒慢慢倾入漏斗中；在倾入溶液的同时，应将玻璃棒慢慢往上提，避免玻璃棒触及液面。当漏斗中液面离滤纸边缘 0.5 cm 时应停止倾入溶液，待漏斗中的溶液液面下降后，再倾入溶液。停止倾入溶液时，烧杯不可立即离开玻璃棒，应将烧杯嘴沿玻璃棒向上提 1～2 cm，并慢慢扶正烧杯，然后离开玻璃棒。这样可使烧杯嘴上的液滴沿玻璃棒流入漏斗中。烧杯离开玻璃棒后，再将玻璃棒放入烧杯中，但玻璃棒不应放在烧杯嘴处，也不可将玻璃棒随意放在桌面上或其他地方，避免粘在玻璃棒上的少量沉淀丢失和污染。

过滤开始后，应随时检查滤液是否透明，如不透明，说明有穿滤。这时必须换一洁净的烧杯盛接滤液，在原漏斗上将穿滤的滤液进行第二次过滤，若发现滤纸穿孔，则应更换滤纸重新过滤，而第一次用过的滤纸应保留，在未过滤的溶液中将该滤纸洗干净。

④ 沉淀的处理。

a. 初步洗涤。洗涤沉淀的目的是将沉淀表面所吸附的杂质和残留的母液除去。洗涤方法如下：用洗瓶（或滴管）沿烧杯壁四周加入洗液 10～15 mL，并用玻璃棒搅动沉淀使之充分洗涤，待沉淀下沉后，将上层清液用"倾析法"过滤。洗涤应遵循"少量多次"的原则，这样既可将沉淀洗净，又尽可能地降低沉淀的溶解损失。一般晶形沉淀洗涤 2～3 次即可，胶状沉淀需洗 5～6 次。洗液一般用蒸馏水，对易溶于水的沉淀物，可用其他溶剂（如乙醇、乙醚等）洗涤。

必须注意：过滤与洗涤是同时进行的，不能间断，否则沉淀干涸了就无法洗净。

洗涤沉淀时选用的洗液，应根据沉淀的性质而定：

晶形沉淀：可用冷的稀沉淀剂洗涤，因为这时存在同离子效应，可尽可能地减少沉淀的溶解；但是若沉淀剂为不易挥发的物质，则只有用水或其他溶剂来洗涤。

非晶形沉淀：用热的电解质溶液作为洗液，以防止产生溶胶现象，大多数采用易挥发的铵盐作为洗液。

溶解度较大的沉淀：采用沉淀剂和有机溶剂来洗涤，以降低沉淀的溶解度。

沉淀的溶解度很小又不易形成胶体溶液：可用蒸馏水洗涤。

沉淀剂的用量：通常情况下，为了使沉淀完全，只需加比理论计算量稍多 2～3 滴的沉淀剂就可以了。如试剂过量太多，不仅没有必要，而且还有害处，因为在有些情况下，过多的沉淀剂会引起配合物的生成等副作用，反而会加大沉淀的溶解。

b. 沉淀的转移。沉淀经过初步洗涤后即可转移至滤纸上，在盛有沉淀的烧杯中加入少量洗液（加入洗液的量应是漏斗中滤纸一次能容纳的量），用玻璃棒搅起沉淀，再按上述方法立即将悬浮液转移至滤纸上，这样大部分沉淀可从烧杯中转移到滤纸上。该步操作必须细心，不能损失一滴悬浮液，否则会导致整个分析工作失败。然后用少量洗涤液将玻璃棒和烧杯壁上的沉淀冲洗到烧杯中，再搅起沉淀并转移到滤纸上。如此重复几次后，沉淀可基本上全部转移到滤纸上。最后烧杯中还有少量沉淀，可按下述方法转移：将烧杯倾斜放在漏斗上方，烧杯嘴向着漏斗，将玻璃棒架在烧杯口上，下端向着滤纸的三层部分，从洗瓶中挤出少量蒸馏水，旋转冲洗烧杯内壁，沉淀即可被涮出并转至滤纸上。待全部沉淀转移后，将前面折叠滤纸时撕下的纸角，用蒸馏水湿润，先擦洗玻璃棒上的沉淀，再用玻璃棒压住此纸块沿烧杯壁自上而下旋转着将沉淀擦"活"，最后将滤纸块捞出放入漏斗中心的滤纸上，与主要沉淀合并[图 2-3（a）]。

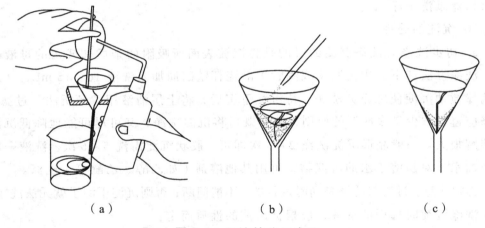

（a）　　　　　　　　（b）　　　　　　　　（c）

图 2-3　沉淀转移示意图

c. 最后的洗涤。沉淀全部转移至滤纸上后，应进行最后的洗涤，以除去沉淀表面吸附的杂质和残留的母液。洗涤方法如下：从洗瓶中挤出洗涤液至充满洗瓶的导出管，再将洗瓶拿在漏斗上方，挤出洗涤液浇在滤纸的三层部分的上沿稍下的地方。之后再按螺旋形向下移动，并借此将沉淀集中到滤纸圆锥体的下部[图2-3（b）（c）]。

必须在前一次洗液完全滤出后，再进行下一次洗涤。洗液的使用应本着"少量多次"的原则，即总体积相同的洗液应尽可能分多次洗涤，每次用量要少。沉淀经数次洗涤后，用一洁净的试管或表面皿直接取 1～2 mL 滤液，用灵敏而又迅速显示结果的定性反应检查滤液中是否还存在母液成分。

（2）减压过滤

减压过滤（又称抽滤或真空过滤）能加快过滤速度，而且沉淀抽吸得比较干燥。但该方法不适合过滤颗粒太小的沉淀和胶体沉淀。因为颗粒太小的沉淀易堵塞滤纸的滤孔，使滤液不易透过并减慢抽滤速度；胶体沉淀在快速过滤时易穿透滤纸，因而均达不到过滤的目的。

减压过滤的原理是利用真空泵产生的负压带走瓶内的空气，使抽滤瓶内的压力减小，在布氏漏斗的液面上与抽滤瓶内形成压力差，从而加快过滤速度。

实验室使用的真空泵一般为循环水式多用真空泵。在进行减压过滤时，先将减压过滤装置中的安全瓶出口与真空泵抽气管接口之间用硬质橡胶管连接（图2-4），打开真空泵电源开关，真空泵运转，抽滤瓶内压力逐渐降低，可通过真空泵上的压力表读取抽滤瓶内的真空度。抽滤完毕，先拔开抽滤瓶与安全瓶相连的橡胶管，然后再关电源开关。否则在没有连接安全瓶的情况下，可能导致循环水倒吸，污染抽滤瓶内的滤液。

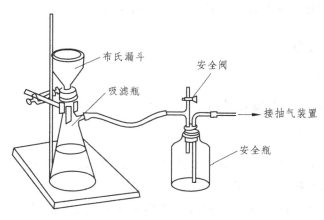

图 2-4　减压过滤装置示意图

减压过滤的操作步骤：

① 滤纸的准备。将布氏漏斗倒立在滤纸上并用力压，使之出现一痕迹，用剪刀沿痕迹内缘剪下，使滤纸能全部覆盖布氏漏斗底部。

② 铺滤纸。布氏漏斗的圆柱形底部是带有许多小孔的瓷板，以便使滤液穿过滤纸从小孔流出，抽滤时此瓷板支撑着滤纸和截留在滤纸上的固体。抽滤前，先将布氏漏斗插入抽滤瓶中（橡皮塞插入抽滤瓶内的部分不得超过整个塞子高度的 1/2），其下端的斜面应对着抽滤瓶侧面的支管。连接好抽滤装置。再将剪好的

滤纸平放于布氏漏斗中并加少量蒸馏水湿润，打开循环水真空泵电源，滤纸即紧贴于漏斗底部。

③ 过滤。摇动盛沉淀物的容器使沉淀物与溶剂混匀，先将容器里的少许溶液沿玻璃棒转入漏斗中，每次转入的量不能超过漏斗容量的 2/3，然后开真空水泵，之后再将剩余的沉淀转入布氏漏斗中，直至沉淀被抽吸得比较干燥为止。注意抽滤瓶中的滤液液面不能高于吸气口。

④ 沉淀洗涤。洗涤沉淀时，应先拔掉橡皮管并关闭真空水泵，加入洗涤液至全部湿润沉淀。然后接好橡皮塞，开启真空水泵，将沉淀中的水分吸干，最后拔掉橡皮管并关闭真空水泵。

⑤ 取出沉淀和滤液。将漏斗取下倒放于滤纸上或容器中，在漏斗的边缘轻轻敲打或用洗耳球从漏斗出口处往里吹气，滤纸和沉淀即可脱离漏斗。滤液应从抽滤瓶的上口倒入洁净的容器中，绝对不能从侧面的支管倒出，以免滤液被污染。

若过滤的溶液有强酸性或强氧化性，为了避免溶液与滤纸作用，应采用玻璃砂芯漏斗。由于碱易与玻璃作用，玻璃砂漏斗不宜过滤强碱性溶液。过滤时不能引入杂质，也不能用瓶盖挤压沉淀。其余操作步骤同上。

四、实验内容

1. 溶液的配制

配制 15 mol·L^{-1} 的氯化钠溶液 50 mL。

2. 蒸发与结晶

（1）取一定量的 15 mol·L^{-1} 的氯化钠溶液倒入蒸发皿中（要保证蒸发皿内所盛液体的体积不超过其容量的 2/3）。

（2）将装有氯化钠溶液的蒸发皿置于电炉上加热，缓慢蒸发，不断搅拌，观察结晶现象，并做好记录。

（3）当蒸发至快干时应停止加热，让残液依靠余热自行蒸干。

（4）待残液自行蒸干后，收集固体，称量，做好记录。

3. 抽滤与重结晶

（1）将 6 g 混有硫酸钙的氯化钠用 20 mL 80 ℃ 的热水溶解，抽滤除去硫酸钙杂质。

（2）将滤液冷却至室温，冷却过程中可用玻璃棒搅拌，加速晶体的析出。

（3）将析出的晶体过滤，干燥，称量，做好记录，计算结晶产率。

4. 过滤与抽滤

（1）过滤：将混有硫酸钙的氯化钠溶液用长颈漏斗过滤，观察实验现象。

（2）抽滤：将上述混有硫酸钙的氯化钠溶液用布氏漏斗进行抽滤，转移过滤所得固体，观察并记录实验现象。

五、注意事项

（1）蒸发皿内所盛液体的体积不应超过其容量的 2/3。

（2）蒸发过程应缓慢进行，不能将溶液加热至沸腾。

（3）蒸发过程中应不断搅拌，不断拨下由于体积缩小而留在液面边缘的固体。

（4）当溶液发生过饱和现象时，可以振荡容器，用玻璃棒搅动或轻轻地摩擦器壁，或投入几粒晶体，促使晶体析出。

（5）过滤转移液体时要用玻璃棒，每次转移量不能超过滤纸容量的 2/3。

（6）减压过滤过程中，颗粒太小的沉淀易在滤纸上形成一层密实的沉淀，使溶液不易透过。

六、思考题

（1）减压过滤为什么不适用于过滤胶状沉淀和颗粒太小的沉淀？

（2）抽滤时橡皮塞插入抽滤瓶内的部分不超过整个塞子高度的 1/2，为什么？

实验二　台秤、分析天平和电子天平的使用

一、实验目的

（1）了解台秤和分析天平的基本构造，学习正确的称量方法。

（2）了解天平使用规则，学会固体试样的称量。

二、实验用品

仪器：台秤、半机械加码电光天平、电子天平、称量瓶、表面皿。

药品：氯化钠、铜片。

三、实验原理

台秤、分析天平和电子天平都是实训室常用的称量仪器，台秤的准确度能达

到 0.1 g，分析天平的准确度能达到 0.000 1 g；电子天平的准确度能达到其最大称量值的 10^{-5}。

（一）台　秤

台秤又名托盘天平，能迅速称量物质的质量，但精确度不高。其具体使用方法如下：

1. 使用前零点的调整方法

将游码拨至标尺左端"0"处，调节两侧的平衡螺母直至指针摆动时在分度盘两侧摆动距离相等。

2. 物品的称量方法

（1）遵循"左物右码"的原则，即称量物放在左盘，砝码放在右盘。

（2）取用砝码时用镊子夹取，5 g 或 10 g 以下的质量，可借助游码来调节，使指针在刻度盘左、右两边摇摆的距离几乎相等为止，记下砝码和游码的数值至小数点后第一位，两数值之和即左盘称量物的质量。

（3）称量固体药品时，应在两盘内各放一张质量相仿的称量纸，然后用药匙将药品放在左盘的纸上，称 NaOH、KOH 等易潮解或有腐蚀性的固体时，应盛在表面皿或烧杯中。

（4）称量液体药品时，要用已称量过质量的容器盛放药品，操作方法同上。

（二）半机械加码电光天平

半机械加码电光天平整个放在玻璃罩内，称量时不受外界空气流动等因素的影响，罩内放有硅胶等吸湿剂，以保持天平各部件的干燥。称量时左盘放称量物，右盘放砝码。

1. 半机械加码电光天平的结构

半机械加码电光天平主要由以下几部分组成（图 2-5）：

（1）天平（横）梁：天平的主要部件，一般由轻质、坚固的铝铜合金制成。梁上等距离安装有三个玛瑙刀，梁的两端各装有两个平衡螺丝，用来调节横梁的平衡位置，梁的中间装有垂直向下的指针，用以指示平衡位置。

（2）支柱：天平正中的立柱，安装在天平底板上

（3）悬挂系统：包括三个部分，一是吊耳，它的平板下面嵌有玛瑙平板，并与梁两端的玛瑙刀口接触，使吊钩及称盘、阻尼器内筒能自由摆动。二是阻尼器，它由两个特制的金属圆筒构成，外筒固定在立柱上，内筒挂在吊耳上。三是秤盘，两个秤盘分别挂在吊耳上，左盘放被称物，右盘放砝码。

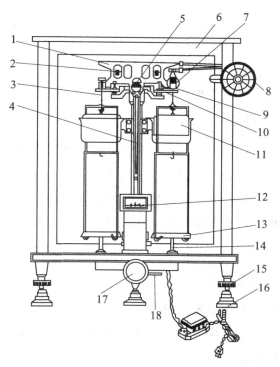

图 2-5 TG-328B 型电光天平结构示意图

1—天平（横）梁；2—平衡螺丝；3—吊耳；4—指针；5—玛瑙刀口；6—框罩；7—圈码；
8—圈码指数盘；9—支力销；10—托梁架；11—空气阻尼器；12—投影屏；
13—天平盘；14—盘托；15—螺旋脚；16—垫脚；
17—升降框旋钮；18—调零杆

（4）读数系统：若投影与光屏中央的垂直刻度线重合，则说明天平处于平衡位置。

（5）升降旋钮：天平的升降旋钮位于天平底板正中央，是天平的制动装置，它连接着托梁架、盘托和光源开关。

（6）天平箱及水平调节：分析天平放在天平箱内，用以保护天平不受灰尘、潮湿、气流等的影响。

（7）机械加码器：转动机械加码器，可使天平横梁右端加 10～990 mg 环码。

（8）砝码：每台天平都附有一盒配套使用的砝码，盒内装有 1 g、2 g、2 g、5 g、10 g、20 g、20 g、50 g、100 g 的砝码共 9 个。

2. 半机械加码电光天平的操作步骤

（1）取下防尘罩，叠好后放在天平箱上面。检查天平是否处于水平状态，两秤盘是否洁净，硅胶是否靠住秤盘，环码盘是否在 0.00 位置及环码有无脱落等。

（2）调节零点。打开电源，开启升降旋钮，待标尺稳定后，可通过调节零点微调杆移动屏幕位置，使屏中刻度线恰好与标尺中的"0.00"线重合，即为零点。

（3）称量。将待称量的物体先放在台秤上进行粗称，然后放在分析天平左盘中心，根据在台秤上称得的数据在天平右盘上加砝码至克位。

（4）读数。待标尺稳定后，读出标尺上的质量。根据：

$$被称物质量＝砝码总质量＋环码总质量＋标尺质量$$

计算出被称量物的质量，并将称量的数据及时记在记录本上。

（5）关闭天平。称量、记录完成后，随即关闭天平，取出被称量物，将砝码放回砝码盒，将机械加码器调至零位，关闭天平门，盖上防尘罩。

（三）电子天平

1. 电子天平的构成和称量原理

电子天平由高稳定性传感器和单片微机组成，通过电磁力补偿调节的方式实现力平衡，或通过电磁力矩调节的方式来实现力矩平衡，从而进行质量的测定。

2. 电子天平的分类

电子天平按精度可分为如下几类：

（1）常量电子天平：称量范围一般为 100～200 g，精确度能达到最大称量值的 10^{-5}。

（2）半微量电子天平：称量范围一般为 20～100 g，精确度能达到最大称量值的 10^{-5}。

（3）微量电子天平：称量范围一般为 3～50 g，精确度能达到最大称量值的 10^{-5}。

（4）超微量电子天平：称量范围一般为 2～5 g，精确度能达到最大称量值的 10^{-6}。

3. 电子天平的操作步骤

（1）使用前首先清洁称量盘，检查并调节天平至水平状态。

（2）接通电源，按下"ON"键，系统开始自检，自检结束后显示屏显示"0.0000"，如果空载时有数据，按一下清除键归零。

（3）称量，将被称量物轻轻放在秤盘上，待显示屏上数字稳定后，读数，并记下称量结果。

（4）称量完毕，取下称量物。

4. 称 量 方 法

（1）直接称量法：直接称取某一物体质量的方法。

（2）指定质量称量法：称量物不吸水、在空气中性质稳定时采用此法。

（3）递减称量法（也叫减量法）：对于易吸湿、氧化、挥发等在空气中不稳定的试样可采用此法。

四、实验内容

1. 台秤称量练习

分别称取 2.0 g、3.0 g 的氯化钠各一份。

2. 分析天平的称量练习

（1）称量前的准备

检查天平，调节零点。

（2）称量练习

① 直接称量：将在台秤上预称过的小铜片在分析天平上准确称量，记下其质量，称量三次，取其平均值作为铜片的质量。

② 减量法称量：用洁净的纸带从干燥器中夹取盛有氯化钠粉末的称量瓶，在台秤上预称其质量后，再在分析天平上准确称量，记下其质量 m_1。左手用纸带夹住称量瓶，置于容器上方，使称量瓶倾斜，右手用一洁净的纸片夹住称量瓶盖手柄，打开瓶盖，用瓶盖轻轻敲击称量瓶上部，使试样缓缓落入容器中。当倾出的试样已接近所要称量的质量时，慢慢地将称量瓶竖起，用称量瓶盖轻轻敲击称量瓶上部，使黏附在瓶口上的试样落下，然后盖好瓶盖，将称量瓶放回天平上，称得其质量 m_2，"$m_1 - m_2$"即为试样的质量，记录所得数据。

③ 继续进行，称取多份试样。

（3）称量后的检查

称量完毕，检查天平，关闭电源。

3. 实验数据处理

实验数据记录采用专用实验原始记录表，决不允许将数据记在纸片、手掌、单页纸上。记录实验数据和现象时要实事求是、严谨细致，不能随意拼凑、伪造和涂改数据。对读错、标错、测错的数据，可用横线划去，并在上方写上正确的数据。

实验过程中测量数据时，根据仪器、方法、组分在试样中的相对含量的准确度正确读出、记录数字的有效位数。例如，用分析天平称量时，要求记录到 0.0001 g；用滴定管及吸量管测体积时，应记录至 0.01 mL。

五、注意事项

（1）天平使用前必须调零。

（2）天平的保存与工作环境要清洁干燥。

（3）被称量物的质量不能超过天平的最大载重量。

（4）腐蚀性、易挥发、易吸水及易被氧化物质的称量必须盛装在容器中进行。

（5）操作天平要轻缓，称量完毕后要对天平进行检查。

六、思考题

（1）在分析天平取、放被称量物，开关天平侧门，加减砝码时应注意什么？

（2）分析天平在称量时，若刻度标尺偏向左方，需要加砝码还是减砝码？

（3）什么情况下应使用递减称量法？

实验三　一定浓度的溶液的配制

一、实验目的

（1）掌握溶液质量分数、质量摩尔浓度和物质的量浓度的配制方法和操作技能。

（2）掌握有关溶液浓度的计算。

二、实验用品

仪器：烧杯（50 mL，100 mL）、容量瓶（50 mL，100 mL）、移液管（1 mL，5 mL）、比重计、量筒（50 mL，100 mL）、试剂瓶、称量瓶、台秤、分析天平。

试剂：98%浓 H_2SO_4（18 mol·L^{-1}）、NaOH（s）、$H_2C_2O_4$ 晶体、36%HAc（6.24 mol·L^{-1}）。

三、实验原理

1. 一般溶液的配制

（1）直接水溶法：适用于易溶于水，而不水解的固体试剂，如 NaOH、NaCl、NaAc 等。

（2）介质水溶法：适用于易水解的固体试剂，如 $SnCl_2$、$FeCl_3$、$Bi(NO_3)_3$、KCN 等。这类物质在溶解稀释前要加入适量的一定浓度酸液或碱液（使其溶解）。

（3）稀释法：适用于液体试剂，如 HCl、H_2SO_4、HNO_3、HAc 等，市售浓酸和氨水的密度及其浓度近似值见表 2-1。

表 2-1 市售浓酸和氨水的密度及其浓度近似值

	HCl	H_2SO_4	HNO_3	$NH_3 \cdot H_2O$
密度/$g \cdot cm^{-3}$	1.19	1.84	1.42	0.89
浓度/$mol \cdot L^{-1}$	12	18	16	15
质量分数/%	38	98	69	28

一般溶液的配制通常包括以下几个操作步骤（图 2-6）。

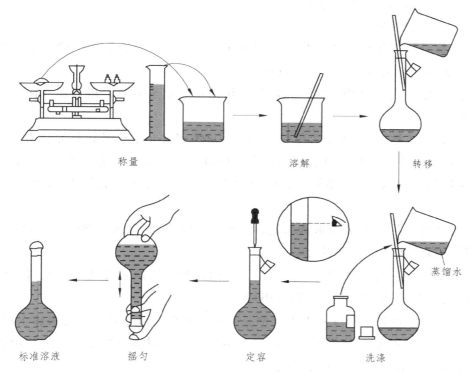

图 2-6 一般溶液的配制的操作步骤

① 计算所需固体试剂的质量或液体试剂的体积。

a. 用固体配制溶液的计算公式：

$$m/M = c \cdot V \quad 即 \quad m = c \cdot M \cdot V$$

式中　M——摩尔质量，$g \cdot mol^{-1}$；

　　　V——溶液的体积，L；

　　　c——物质的量浓度，$mol \cdot L^{-1}$，M 与 c 的基本单元必须相对应。

b. 用溶液试剂的计算公式：

$$c_{原}V_{原} = c_{新}V_{新}$$

其中，物质的量浓度 c（$mol \cdot L^{-1}$）与质量分数 w（%）之间的换算关系为：

$$c = 10^3(V \times \rho \times w)/M$$

式中　M——摩尔质量，$g \cdot mol^{-1}$；

　　　V——溶液的体积，mL；

　　　c——物质的量浓度，$mol \cdot L^{-1}$；

　　　ρ——溶液的密度，$g \cdot mol^{-1}$；

　　　w——质量分数，%。

② 称量：固体试剂用分析天平或电子天平（为了与容量瓶的精度相匹配）称量，液体试剂用量筒或移液管量取。

③ 溶解：将称好的固体放入烧杯，用适量蒸馏水溶解，用玻璃棒搅拌可加快溶解。

④ 转移（移液）：由于容量瓶的颈较细，为了避免液体洒在外面，用玻璃棒引流，玻璃棒不能紧贴容量瓶瓶口，棒底应靠在容量瓶瓶壁刻线以下（注意：某些固体物质，如 NaOH，溶解过程中会放热，要待溶液恢复至室温后，再移入容量瓶）。

⑤ 洗涤：用少量蒸馏水洗涤烧杯内壁 2～3 次，洗涤液全部转入容量瓶中。轻轻摇动容量瓶，使溶液混合均匀。

⑥ 定容：向容量瓶中加入蒸馏水，液面离容量瓶颈刻线 1～2 cm 时，改用胶头滴管滴加蒸馏水至液面与刻线相切。

⑦ 摇匀：盖好瓶塞反复上下颠倒，摇匀，如果液面下降也不可再加水定容。

⑧ 移至试剂瓶，贴好标签：由于容量瓶不能长时间盛装溶液，故将配得的溶液转移至试剂瓶中，贴好标签。

2. 基本操作

（1）计量仪器的使用

① 量筒（杯）的使用：量取液体时，应用左手持量筒，并以大拇指指示所需体积的刻度处，右手持试剂瓶，将液体小心倒入量筒内。读数时，应让量筒垂直平放，使量筒内液体的凹液面最低处与视线处于同一条水平线上。

注意：取 8.0 mL 液体时，须用 10 mL 量筒，不能用 100 mL 量筒。

② 移液管和吸量管的使用：量取液体时每次都是从上端"0.00"刻度开始，放至所需要的体积刻度为止。

a. 洗涤：分别用洗液（移液管球部 1/4 处）、自来水、蒸馏水各洗涤三次，洗至内壁不挂水珠为止。用吸水纸将管尖内外的水吸干，然后用少量待装溶液洗涤三次。

b. 吸取液体：左手拿洗耳球，右手拇指及中指拿住移液管或吸量管的标线以上部位，使管下端伸入液面下 1～2 cm 深处，不应伸入太深，以免外壁沾有过多液体，也不应伸入太浅，以免液面下降时吸入空气。这时，左手用洗耳球轻轻吸取液体，眼睛注意管中液面上升情况，移液管或吸量管应随容器中液体的液面下降而往下伸。当液体上升到刻度标线以上时，迅速移去洗耳球，并用右手食指按住管口，将移液管从溶液中取出，靠在容器壁上，稍微放松食指，让移液管在拇指和中指间微微转动，使液面缓慢下降，直到溶液的弯月面与标线相切时，立即用食指按紧管口，使溶液不再流出，见图 2-7。

c. 排放液体：取出移液管，移入准备接受溶液的容器中，将接受容器倾斜，使容器内壁紧贴移液管尖端管口，并成 45°。放松右手食指，使溶液自由地顺壁流下，待液面下降到管尖，停靠 15 s 后取出移液管[图 2-7（b）]。此时管尖尚留有少量溶液，除移液管上有特别注明"吹"字的以外，这一滴溶液不必吹出，因为在制造移液管时已经扣除了。

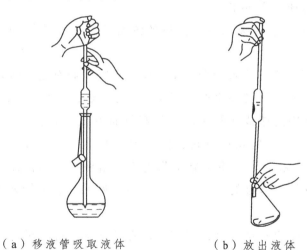

（a）移液管吸取液体　　　　　　（b）放出液体

图 2-7　移液管的使用方法

③ 容量瓶的使用

a. 洗涤：分别用洗液、自来水、蒸馏水各洗涤三次，洗至内壁不挂水珠为止。

b. 检漏：加自来水至刻线附近，盖好瓶塞后，左手用食指按住塞子，其余四指拿住瓶颈刻线以上部分，右手用指尖托住瓶底边缘，将瓶倒立 2 min，如不漏水，将瓶直立，转动瓶塞 180º，再倒过来检查一次，确认不漏水后，方可使用。

图 2-8　容量瓶的操作方法　　　图 2-9　向容量瓶中转移液体

c. 固体配制：先把称好的固体试样放在烧杯中，加入少量水或其他溶剂将试样溶解，然后将溶液沿玻璃棒定量地转入容量瓶中。烧杯嘴应紧靠玻璃棒，玻璃棒下端靠着瓶颈内壁，使溶液沿玻璃棒和内壁流入。溶液全部流完后，将烧杯轻轻向上提，同时直立，使附在玻璃棒与烧杯嘴之间的一滴溶液收回烧杯中。将玻璃棒放回烧杯，用蒸馏水洗涤烧杯和玻璃棒三次，把洗涤液也转移到容量瓶中，以保证溶质全部转移。

d. 液体配制：用移液管吸取一定体积的浓溶液，按移液管的操作方法放入容量瓶。

e. 定容：加入蒸馏水，至容量瓶 3/4 容积，将容量瓶拿起，按水平方向旋转几圈，使溶液初步混匀。继续加水至接近刻线 1 cm 处，等待 1~2 min，使附在瓶颈的溶液流下，再用洗瓶或滴管滴加水至弯月面下缘与刻线相切（小心操作，勿过刻线）。盖紧瓶塞，将容量瓶倒转，使气泡上升到顶，轻轻振荡，再倒转过来。反复 10 次，将溶液混匀。由于瓶塞附近部分溶液此时可能未完全混匀，为此可将瓶塞打开，使瓶塞附近的溶液流下，重新塞好塞子，再倒转振荡 2~3 次，以使溶液全部混匀。

注意：容量瓶是量器不是容器，不宜长期存放溶液，配好的溶液应转移到试剂瓶中贮存（为了保证溶液浓度不变，试剂瓶应先用少量溶液洗 2~3 遍），并贴好标签。容量瓶用后应立即洗净，在瓶口与瓶塞之间垫上纸片，以防下次用时不易打开瓶塞。容量瓶不能加热，也不能在容量瓶里盛放热溶液，如固体是经过加热溶解的，则溶液必须冷至室温后，才能转入容量瓶。容量仪器的规格是以最大容量标志的，并标有使用温度。

④ 密度计的使用

密度计是测量液体密度的仪器。它是一根粗细不均匀的密封玻璃管，管的下部装有少量密度较大的铅丸或水银。使用时将密度计竖直地放入待测液体中，待密度计平稳后，从它的刻度处读出待测液体的密度。常用密度计有两种，一种测密度比纯水大的液体密度，叫重表；另一种测密度比纯水小的液体，叫轻表。

四、实验内容

1. 配制 6 mol·L^{-1} NaOH 溶液 50 mL

计算出配制此溶液所需的 NaOH 固体的质量，用台秤按所需量称取 NaOH 固体，置于烧杯中，加入少量蒸馏水，搅拌使之溶解，待冷却后注入 50 mL 容量瓶中，洗涤烧杯三次，并将洗涤液也注入容量瓶中，加水至 50 mL 刻度线定容，振荡、摇匀。

2. 配制 0.0100 mol·L^{-1} H$_2$C$_2$O$_4$ 溶液 100 mL

计算出配制此溶液所需 H$_2$C$_2$O$_4$ 晶体的质量，先用台秤初称，再由分析天平用差量法准确称量，用少量水在烧杯中溶解后注入 100 mL 容量瓶中，洗涤烧杯三次，将洗涤液注入容量瓶中，加水至刻度线，振荡、摇匀。

3. 配制 6 mol·L^{-1} H$_2$SO$_4$ 溶液 50 mL

计算出配置此 H$_2$SO$_4$ 溶液所需浓 H$_2$SO$_4$ [密度 1.84 g·mL^{-1}，浓度 98%（质量分数）]和水的用量。

用量筒量取所需的蒸馏水，读数时，视线应与量筒内液面的最低点处平齐，并加入烧杯中，再用量筒量取所需的浓 H$_2$SO$_4$ 溶液，然后将量取的浓 H$_2$SO$_4$ 溶液沿玻璃棒缓缓地加入水中，并不断搅拌使之溶解。待溶液温度降至室温后，用密度计测定此溶液的密度。根据测得的密度数据，算出所配溶液的实际浓度，最后将溶液倒入回收瓶。

注意：测定相对密度时，应把几个人所配硫酸溶液倒入 250 mL 量筒，再在此量筒中测定相对密度。

4. 用 36%（质量分数））HAc 稀释成 0.200 mol·L^{-1} HAc 溶液 50 mL

计算出配制此溶液所需的 36% HAc 的体积，用 50 mL 量筒量取相应的 36% HAc 溶液，加水稀释至离刻线 2～3 mL 处，改用胶头滴管滴定至刻线，用玻璃棒搅拌、摇匀。

已知：冰醋酸的摩尔浓度为 17.5 mol·L^{-1}，稀醋酸的密度为 1.04 g·mL^{-1}，摩尔浓度为 6 mol·L^{-1}。

5. 由 0.200 mol·L^{-1} 的 HAc 溶液配制 0.010 0 mol·L^{-1} HAc 溶液 100 mL

方案 1：计算出配制 0.0100 mol·L^{-1} HAc 溶液 100 mL 所需的 0.200 mol·L^{-1} HAc

溶液的量，用移液管准确量取所需溶液，将溶液注入 100 mL 容量瓶中，加水至刻线，振荡，摇匀。

方案 2：用上面第 4 步所配制的 0.200 mol·L^{-1} HAc 溶液稀释 10 倍（1：9）得 0.020 0 mol·L^{-1} HAc 溶液。再用 0.200 mol·L^{-1} HAc 溶液稀释 2 倍（1：1）得到 0.010 0 mol·L^{-1} HAc 溶液。

五、注意事项

（1）使用密度计时，要缓缓放入待测液体中。

（2）在洗涤容量瓶时，所用的蒸馏水不能太多，应遵循少量多次的洗涤原则。

（3）取完氢氧化钠固体后，瓶盖要及时盖上，防止其潮解。

（4）在配制硫酸溶液时，一定要将浓硫酸缓缓倒入水中，并不断搅拌，切不可将水倒入浓硫酸中。

（5）容量瓶不能用被稀释的溶液洗涤，而移液管在使用前一定要用待取的溶液润洗。

（6）一些见光容易分解的或易发生氧化还原反应的溶液，要防止在保存期间失效，如 Sn^{2+}、Fe^{2+} 溶液应分别放入一些 Sn 粒、Fe 粒，$AgNO_3$、$KMnO_4$、KI 等溶液应贮于干净的棕色瓶中。容易发生化学腐蚀的溶液应贮于合适的容器中。

（7）所配制的溶液均应回收。

六、思考题

（1）由浓硫酸配制稀硫酸过程中，应注意哪些问题？

（2）用容量瓶配制溶液时，容量瓶是否需要干燥？

（3）如何使用称量瓶？从称量瓶往外倒样品时应如何操作，为什么？

（4）如何用浓硫酸配制 4.0 mol·L^{-1} 的 H_2SO_4 溶液 1 500 mL？

实验四　pH 计的使用方法

一、实验目的

（1）掌握用玻璃电极测量溶液 pH 值的基本原理。

（2）掌握酸度计的标定和使用方法。

（3）熟悉玻璃电极的构造和维护方法。

二、实验用品

仪器：雷磁 pHS-3C 型酸度计、烧杯（50 mL，100 mL）、量筒（10 mL，100 mL）、吸量管（10 mL）、广泛 pH 试纸、精密 pH 试纸、吸水纸等。

试剂：HAc（0.01 mol·L⁻¹、0.2 mol·L⁻¹），H_2SO_4（6 mol·L⁻¹），$H_2C_2O_4$（0.01 mol·L⁻¹），NaOH（6 mol·L⁻¹），标准缓冲溶液（pH = 4.00，pH = 6.86，pH = 9.18）。

三、实验原理

1. pH 计简介

pH 计（又称酸度计）由电极和电位计两部分组成，主要用来测量液体介质的酸碱度，广泛应用于工业、农业，科研、环保等领域。实验室常用的酸度计有 pHS-25 型、pHS-2 型和 pHS-3 型等。

2. 基本原理

酸度计测定溶液的 pH 值主要是利用一对电极：一支为指示电极（玻璃电极），另一支为参比电极（饱和甘汞电极），与待测溶液组成原电池，待测溶液的 pH 值不同，会产生不同的电动势。因此，酸度计测定溶液的 pH 值实质上是测定溶液的电动势。

玻璃电极的头部是一种能导电的极薄的玻璃空心球，球内装有 0.1 mol·L⁻¹ 盐酸和一根插在盐酸中的 Ag-AgCl 电极，如图 2-10 所示。由于球内的氢离子浓度是一定的，所以在一定温度下玻璃电极的电极电位随溶液 pH 值的变化而改变，即

$$\varphi_{玻} = \varphi_{玻}^{\ominus} + 0.0591 \lg \frac{c(H^+)}{c^{\ominus}} = \varphi_{玻}^{\ominus} - 0.0591 pH$$

饱和甘汞电极是由金属汞、甘汞（Hg_2Cl_2）和饱和氯化钾溶液组成的，见图 2-11。其电极反应是

$$Hg_2Cl_2 + 2e^- \rightleftharpoons 2Hg^+ + 2Cl^-$$

饱和甘汞电极的电极电势不随待测溶液的 pH 值变化而变化，在一定温度下为定值。例如，在 298 K 时，其值为 0.242 V。

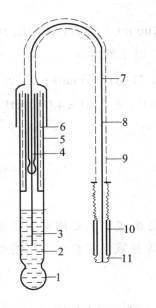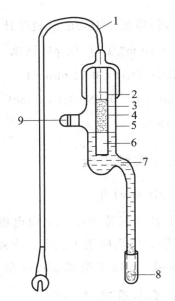

图 2-10　玻璃电极示意图　　　　　图 2-11　饱和甘汞电极示意图

1—玻璃球膜；2—缓冲溶液；3—Ag-AgCl电极；　　1—电极引线；2—玻璃管；3—汞；4—甘汞糊(Hg
　4—电极导线；5—玻璃管；6—静电隔离层；　　　　和 Hg₂Cl₂)；5—玻璃外套；6—石棉或纸浆；
　7—电极导线；8—塑料绝缘线；9—金属隔离罩；　　7—饱和 KCl 溶液；8—陶瓷芯；9—小橡皮塞
　10—塑料绝缘线；11—电极接头

　　如果在室温将玻璃电极和甘汞电极插入待测溶液，并接上精密电位计，此时测得电池的电动势为

$$E = \varphi_{甘汞} - \varphi_{玻} = 0.242 - \varphi_{玻}^{\ominus} + 0.0591\text{pH}$$

则　　　　　　　　　　　$$\text{pH} = \frac{E + \varphi_{玻}^{\ominus} - 0.242}{0.0591}$$

式中，E 可通过测定已知 pH 值的缓冲溶液的电动势获得，因此待测溶液的 pH 值可由上式计算得到。

3．仪器的构造

pHS-25型酸度计的电极部分是由玻璃电极和 Ag-AgCl电极组成的复合电极，实际上是一高输入阻抗的毫伏计。

由于 pH 值转化为电压值与被测溶液的温度有关，因此，在测 pH 值时，电极附有一个温度补偿器。温度补偿器所指示的温度应与被测溶液的温度相同，温度补偿器在测量电极电位时不起作用。

仪器上的"定位"调节器在仪器 pH 值校正时用来消除电极系统的零电位误差。

仪器上的"选择"开关是用于确定仪器的测量功能。"pH"挡：用于 pH 值的测量和校正。"+mV"挡：用于测量电极电位极性与电计后面面板上标志相同的电极电位值。"－mV"挡：用于测量电极电位极性与电计后面面板上标志相反的电极电位值。

仪器上的"范围"开关是用于选择测量范围的，中间一挡是仪器处于预热用的，在不进行测量时，都必须置于这一位置。

四、实验内容

1. 仪器的安装

支好仪器背部的支架，装上电极杆和电极夹，并按需要的位置固定，然后装上复合电极。打开电源开关前，把"范围"开关置于中间位置，短路插头插入电极插座。

2. 标准缓冲溶液的配制

根据标准缓冲溶液配制试剂上的说明，分别配制 pH 值为 4.0、6.86 和 9.18 的标准缓冲溶液。

3. 电计的检查

（1）将"选择"开关置于"mV"或"－mV"，短路插头插入电极插座。

（2）将"范围"开关置于中间位置，打开电源开关，此时指示灯应亮，表针位置在未开机时的位置。

（3）将"范围"开关置"0～7"挡，指示电表的示值应为 0 mV（10 mV）。

（4）将"选择"置"pH"挡，调节"定位"旋钮，使电表示值能调至 pH<6。

（5）将"范围"开关置"7～14"挡，反向调节"定位"旋钮，使电表示值能调至 pH>8。

当仪器经过以上方法检验都符合要求后，则可认为能正常工作。

4. 仪器 pH 值的标定

复合电极在使用前必须在蒸馏水中浸泡 24 h 以上。使用前，使复合电极的参比电极的加液小孔露出，甩去玻璃电极下端的气泡，将仪器的电极插座上的短路插头拔去，然后插入复合电极。

仪器在使用之前，先要进行标定，标定可按如下步骤进行：

（1）将复合电极、电源分别插入相应的插座中，将"选择"开关拨至 pH 位置。

（2）仪器接通电源预热 30 min（预热时间越长越稳定）后，用蒸馏水清洗电极，再用滤纸轻轻擦干，将所有电极插入 pH = 6.86 标准缓冲溶液中，调节"温度"补偿器，使其所指向的温度和溶液的温度相同，平衡一段时间（主要考虑电极电位的平衡），待读数稳定后，调节"定位"旋钮，使仪器显示 6.86。

（3）用蒸馏水冲洗电极并用吸水纸擦干后，若测定偏酸性的溶液，插入 pH = 4.0 标准缓冲溶液中，待读数稳定后，调节"斜率"调节器，使仪器显示 4.0，仪器校正完毕。若测定偏碱性的溶液，应先用 pH = 6.86 标准缓冲溶液再用 pH = 9.18 标准缓冲溶液来校正仪器。

（4）为了保证精度，建议以上两个标定步骤（2）（3）重复 1 ~ 2 次，一旦仪器校正完毕，"定位"和"斜率"调节器不得有任何变动。

（5）在一般情况下，24 h 之内，无论电源是连续的开或是间隔的开，仪器都不需要再进行标定。

注意：校正时标准溶液的温度与状态（静止还是流动）和被测液的温度与状态要尽量一致。

在使用过程中，遇到下列情况时仪器必须重新标定：

① 溶液温度与标定时的温度有较大的变化。

② 干燥过久的电极。

③ 换过的新电极。

④ "定位"调节器有变动，或可能有变动。

⑤ 测量过浓酸（pH < 2）或浓碱（pH > 12）之后。

⑥ 测量过含有氟化物而且 pH < 7 的溶液之后。

⑦ 测量过较浓的有机溶液之后。

用已定位的 pH 计测量待测未知液，最好事先用与其 pH 接近的标准缓冲溶液标定，测得的值会更加精确。

5. 样品 pH 值的测定

经过 pH 标定的仪器，即可用来测定样品，包括 HAc（0.001 mol · L^{-1}、0.2 mol · L^{-1}），H$_2$SO$_4$（0.001 mol · L^{-1}），H$_2$C$_2$O$_4$（0.001 mol · L^{-1}），NaOH（0.001 mol · L^{-1}）等溶液的 pH 值。测定步骤如下：

（1）用蒸馏水清洗电极，用滤纸擦干，然后将电极插入待测溶液中，轻轻摇动烧杯，缩短电极响应时间。

（2）调节"温度"补偿器，使其所指向的温度与待测溶液温度一致。

（3）将"选择"开关置于"pH"挡。

（4）将"范围"开关置于待测溶液的可能 pH 值范围。此时仪器指针所指示的 pH 值即为待测溶液的 pH 值。

五、注意事项

（1）电极在测量前必须用已知 pH 值的标准缓冲溶液进行定位校准，为获得更正确的结果，已知 pH 值要可靠，而且其 pH 值越接近被测值越好。

（2）电极取下帽后应注意，在塑料保护栅内的敏感玻璃泡不能与硬物接触，任何破损都会使电极失效。

（3）测量完毕，不用时应将电极保护帽套上，帽内应放少量补充液，以保持电极球泡的湿润。

（4）复合电极的外参比补充液为 3 mol·L^{-1} 氯化钾溶液。

（5）电极的引出端必须保持清洁和干燥，输出两端绝对防止短路，否则将导致测量结果失准或失效。测量时，电极的引入导线需保持静止，否则会引起测量不稳定。

（6）电极经长期使用后，如发现梯度略有降低，则可把电极下端浸泡在 4% HF（氢氟酸）中 3~5 s，用蒸馏水洗净。然后在氯化钾溶液中浸泡，使之复新。

（7）常温电极一般在 5~60 ℃ 内使用。如果在低于 5 ℃ 或高于 60 ℃ 时使用，请分别选用特殊的低温电极或高温电极。

六、思考题

（1）用 pH 计测定 $H_2C_2O_4$ 溶液（0.001 mol·L^{-1}）的 pH 值后，再测 NaOH溶液（0.001 mol·L^{-1}）的 pH 值之前，是否需要重新标定，为什么？

（2）某中药口服液的 pH 值约为 3，用 pH 计准确测量其 pH 值时，应选用何种标准缓冲溶液进行"定位"及"校准"操作？为什么？

任务二　测定性实验

实验五　化学反应速率与活化能的测定

一、实验目的

（1）了解浓度、温度和催化剂对反应速率的影响。

（2）测定过二硫酸铵与碘化钾反应的速率，并计算反应级数、反应速率常数和反应的活化能。

二、实验用品

仪器：温度计、秒表、恒温水浴锅、烧杯、量筒、搅拌器。

试剂：$Na_2S_2O_3$ 溶液（$0.010\ mol \cdot L^{-1}$），0.4%淀粉溶液，$0.20\ mol \cdot L^{-1}$下列溶液：KI 溶液、$(NH_4)_2SO_4$ 溶液、KNO_3 溶液、$Cu(NO_3)_2$ 溶液。

三、实验原理

在水溶液中过二硫酸铵与碘化钾的反应为

$$(NH_4)_2S_2O_8 + 3KI \Longrightarrow (NH_4)_2SO_4 + K_2SO_4 + KI_3$$

其离子反应为

$$S_2O_8^{2-} + 3I^- \Longrightarrow SO_4^{2-} + 3I_3^- \tag{1}$$

反应速率方程为

$$v = kc^m(S_2O_8^{2-}) \cdot c^n(I^-)$$

式中　v——该条件下反应的瞬时速率；

$c(S_2O_8^{2-}), c(I^-)$——两种离子的起始浓度；

k——反应速率常数。在实验中只能测定出一段时间内反应的平均速率：

$$v = \frac{-\Delta c(S_2O_8^{2-})}{\Delta t}$$

在此实验中近似地用平均速率代替初速率：

$$v_0 = kc^m(S_2O_8^{2-})c^n(I^-) = \frac{-\Delta c(S_2O_8^{2-})}{\Delta t}$$

为了能测出反应在Δt 时间内 $S_2O_8^{2-}$浓度的改变量，需要在混合$(NH_4)_2S_2O_8$ 和 KI 溶液的同时，加入一定体积已知浓度的 $Na_2S_2O_3$ 溶液和淀粉溶液，这样在反应反应（1）进行的同时还进行着另一反应：

$$2S_2O_3^{2-} + 3I_3^- \Longrightarrow S_4O_6^{2-} + 3I^- \tag{2}$$

此反应几乎是瞬间完成，比反应（1）快得多。因此，反应（1）生成的 I_3^-会立即与$S_2O_3^{2-}$反应，生成无色的$S_4O_6^{2-}$和 I^-，故在反应开始一段时间内观察不到碘与淀粉呈现的特征蓝色。但当$S_2O_3^{2-}$消耗尽，反应（1）生成的I_3^-遇淀粉呈蓝色。

从反应开始到溶液出现蓝色这一段时间Δt 内，$S_2O_3^{2-}$浓度的改变值为

$$\Delta c(S_2O_3^{2-}) = -[c(S_2O_3^{2-})_{\text{终}} - c(S_2O_3^{2-})_{\text{始}}] = c(S_2O_3^{2-})_{\text{始}}$$

对比反应（1）和（2）有

$$\Delta c(S_2O_8^{2-}) = \frac{c(S_2O_3^{2-})_{\text{始}}}{2}$$

通过改变 $S_2O_8^{2-}$ 和 I^- 的初始浓度，测定消耗等量的 $S_2O_8^{2-}$ [$\Delta c(S_2O_8^{2-})$] 所需的不同时间间隔，即可计算出反应物不同初始浓度的初速率，确定速率方程和反应速率常数。

四、实验内容

1. 浓度对化学反应速率的影响

在室温下，用量筒分别量取 20.0 mL 0.20 mol·L^{-1} KI 溶液、8.0 mL 0.010 mol·L^{-1} Na$_2$S$_2$O$_3$ 溶液和 2.0 mL 0.20 mol·L^{-1} 0.4%淀粉溶液，在烧杯中混合均匀。然后用另一量筒取 20.0 mL 0.2 mol·L^{-1} (NH$_4$)$_2$SO$_4$ 溶液，迅速倒入上述混合溶液中，同时启动秒表，并不断搅拌，仔细观察。当溶液刚出现蓝色时，立即按停秒表，记录反应时间和室温（表 2-2 实验 1）。用同样方法按表 2-2 中各溶液用量，完成实验 2~5。

表 2-2　浓度对反应速率的影响

实验编号		1	2	3	4	5
试剂用量 /mL	0.20 mol·L^{-1} (NH$_4$)$_2$S$_2$O$_8$	20.0	10.0	5.0	20.0	20.0
	0.20 mol·L^{-1} KI	20.0	20.0	20.0	10.0	5.0
	0.010 mol·L^{-1} Na$_2$S$_2$O$_3$	8.0	8.0	8.0	8.0	8.0
	0.2 % 淀粉溶液	2.0	2.0	2.0	2.0	2.0
	0.20 mol·L^{-1} KNO$_3$	0	0	0	10.0	15.0
	0.20 mol·L^{-1} (NH$_4$)$_2$SO$_4$	0	10.0	15.0	0	0
混合液中反应物的起始浓度 /mol·L^{-1}	(NH$_4$)$_2$S$_2$O$_8$					
	KI					
	Na$_2$S$_2$O$_3$					
反应时间 Δt/s						
S$_2$O$_8^{2-}$ 的浓度变化 $\Delta c(S_2O_8^{2-})$/mol·L^{-1}						
反应速率 v						

2. 温度对化学反应速率的影响

按表 2-2 实验 4 中的药品用量，将装有 KI、$Na_2S_2O_3$、KNO_3、淀粉混合溶液的烧杯和装有$(NH_4)_2S_2O_8$ 溶液的小烧杯，放在冰水浴中冷却，待温度低于室温 10 °C 时，将两种溶液迅速混合，同时计时并不断搅拌，出现蓝色时记录反应时间。

用同样方法在热水浴中进行高于室温 10 °C 时的实验，将结果填入表 2-3。

表 2-3　温度对反应速率的影响

实验编号	4	6	7
反应温度 T/K			
反应时间 $\Delta t/s$			
反应速率 v			

3. 催化剂对化学反应速率的影响

按实验 4 药品用量进行实验，在$(NH_4)_2S_2O_8$ 溶液加入 KI 混合液之前，先在 KI 混合液中加入 2 滴 $Cu(NO_3)_2$（$0.02\ mol \cdot L^{-1}$）溶液，搅匀，其他操作同实验 1。

4. 数据记录与结果处理

（1）根据所得实验数据计算反应级数和反应速率常数（表 2-4）。

$$v = kc^m(S_2O_8^{2-}) \cdot c^n(I^-)$$

两边取对数得

$$\lg v = m \lg c(S_2O_8^{2-}) + n \lg c(I^-) + \lg k$$

当 $c(I^-)$ 不变（实验 1~3）时，以 $\lg v$ 对 $\lg c(S_2O_8^{2-})$ 作图，得一直线，斜率为 m。同理，当 $c(S_2O_8^{2-})$ 不变（实验 1、4、5）时，以 $\lg v$ 对 $\lg c(I^-)$ 作图，得 n，此反应级数为 $m+n$（注意 m、n 均取正整数）。利用表 2-2 中一组实验数据即可求出反应速率常数 k。

表 2-4　数据处理

实验编号	1	2	3	4	5
$\lg c(S_2O_8^{2-})$					
$\lg c(I^-)$					
m					
n					
反应速率常数 k					

（2）根据实验数据计算反应活化能（表 2-5）。

由公式

$$\lg k = A - \frac{E_a}{2.30RT}$$

根据不同温度下的 k 值，以 $\lg k$ 对 $1/T$ 作图，得一直线，其斜率为 $-\dfrac{E_a}{2.30R}$，可求出 E_a。

表 2-5　求反应的活化能

实 验 编 号	4	6	7
反应温度/K			
$1/T$			
速率常数 k			
反应活化能 E_a/J			

五、注意事项

（1）实验过程中一定要充分搅拌溶液。

（2）注意实验数据处理，用坐标纸作图。

六、思考题

（1）$(NH_4)_2S_2O_8$ 缓慢加入 KI 等混合溶液中，对实验有何影响？

（2）催化剂 $Cu(NO_3)_2$ 为何能够加快该化学反应的速率？

实验六　醋酸电离度和电离平衡常数的测定

一、实验目的

（1）测定醋酸的电离度和电离常数。

（2）学习 pH 计的使用。

二、实验用品

仪器：滴定管、吸量管（5 mL）、容量瓶（50 mL）、pH 计、玻璃电极、甘汞电极。

药品：HAc（0.200 mol·L^{-1}）、NaOH（0.200 mol·L^{-1}）、酚酞指示剂、标准缓冲溶液（pH = 6.86、pH = 4.00）。

三、实验原理

醋酸为一元弱酸，其水溶液中存在着下列平衡：

$$HAc \Longrightarrow H^+ + Ac^-$$

假设醋酸的原始浓度为 c_0，电离度为 α，平衡时 H^+、Ac^-、HAc 的浓度分别为 $c(H^+)$、$c(Ac^-)$、$c(HAc)$；电离平衡常数为 K_a，则

$$K_a = \frac{c(H^+)c(Ac^-)}{c(HAC)}$$

在纯的 HAc 溶液中，$c(H^+) = c(Ac^-) = c_0\alpha$，$c(HAc) = c_0(1-\alpha)$，当 $\alpha < 5\%$ 时，$1-\alpha \approx 1$，有

$$K_a(HA) = \frac{c_0\alpha^2}{c_0(1-\alpha)} \approx c_0\alpha^2 = \frac{c^2(H^+)}{c_0}$$

根据以上关系，通过测定已知浓度 HAc 溶液的 pH 值，就可根据公式 $pH = -\lg c(H^+)$ 算出 $c(H^+)$，从而可以计算该 HAc 溶液的电离度和电离平衡常数。

四、实验内容

1. 配制不同浓度的 HAc 溶液

用移液管或吸量管分别取 2.50 mL、5.00 mL、25.00 mL 已测得准确浓度的 HAc 溶液，分别加入 3 只 50 mL 容量瓶中，用去离子水稀释至刻度，摇匀，并计算出 3 个容量瓶中 HAc 溶液的准确浓度。将溶液从稀到浓排序，编号为 1、2、3，原溶液为 4 号。

2. 测定 HAc 溶液的 pH 值，并计算 HAc 的电离度、电离常数

把以上 4 种不同浓度的 HAc 溶液分别加入 4 只洁净干燥的 50 L 烧杯中，按由稀到浓的顺序在 pH 计上分别测定它们的 pH 值，并将数据和室温记录在表 2-6 中，计算 HAc 的电离度和电离平衡常数。

表 2-6　数据记录与处理

室温：_____ ℃

溶液编号	c/mol · L^{-1}	pH	$c(H^+)$/mol · L^{-1}	α/%	电离常数 K_a	
					测定值	平均值
1	1/20 c(HAc)					
2	1/10 c(HAc)					
3	1/2 c(HAc)					
4	c(HAc)					

五、注意事项

（1）测定 HAc 溶液的 pH 值时，要按溶液从稀到浓的次序进行，每次换测量液时都必须清洗电极，并吸干，减小误差。

（2）使用酸度计时，要先用标准溶液校正。

（3）玻璃电极的球部特别薄，要注意保护，安装时略低于甘汞电极。

（4）甘汞电极使用时应拔去橡皮塞和橡皮帽，内部无气泡，并有少量结晶，以保证 KCl 溶液是饱和的，用前将溶液加满，用后将橡皮塞和橡皮帽套好。

六、思考题

（1）烧杯是否必须烘干？还可以做怎样的处理？

（2）怎样从测得的 HAc 溶液的 pH 值计算出 K_a？

（3）改变所测 HAc 溶液的浓度或温度，实验结果有无变化？

实验七　缓冲溶液的配制及 pH 值的测定

一、实验目的

（1）了解缓冲溶液的配制原理及缓冲溶液的性质。

（2）掌握缓冲溶液配制的基本方法。

（3）学会使用 pH 计测定缓冲溶液的 pH 值。

二、实验用品

仪器：雷磁 pHS-25 型酸度计、烧杯（50 mL，100 mL）、量筒（10 mL，100 mL）、试管、台秤、吸量管（10 mL）、广泛 pH 试纸、精密 pH 试纸、吸水纸等。

试剂：98%浓 H_2SO_4（18mol·L^{-1}）、36% HAc（6.24 mol·L^{-1}）、12 mol·L^{-1} HCl、14.8 mol·L^{-1} $NH_3·H_2O$、NaOH（s）、NH_4Cl（s）、NaAc（s）、NaH_2PO_4（s）、Na_2HPO_4（s）、甲基红溶液、pH=4 与 pH=9.18 的标准缓冲溶液。

三、实验原理

1. 缓冲溶液的定义及组成

在一定程度上能抵抗稀释或外加少量酸、碱，而保持溶液 pH 值基本不变的作用称为缓冲作用。具有缓冲作用的溶液称为缓冲溶液。缓冲溶液一般由共轭酸碱对组成，由下列三类混合液配制而成：① 弱酸及其盐，如 HAc-NaAc；② 弱碱及其盐，如 $NH_4Cl-NH_3 \cdot H_2O$；③ 多元弱酸的不同酸式盐，如 $NaH_2PO_4-Na_2HPO_4$。

2．缓冲溶液 pH 值的计算

对于一元弱酸及其盐组成的缓冲溶液 HA-MA 的 pH 值为

$$pH = pK_a^\ominus + \lg\frac{c_{盐}}{c_{酸}}$$

对于一元弱碱及其盐组成的缓冲溶液，其 pH 的计算公式为

$$pOH = pK_b + \lg\frac{c_{盐}}{c_{碱}}$$

$$pH = 14 - pOH = 14 - pK_b^\ominus + \lg\frac{c_{碱}}{c_{盐}}$$

3．缓冲溶液的性质

（1）抗酸、碱，抗稀释作用。因为缓冲溶液中具有抗酸成分或抗碱成分，所以加入少量强酸或强碱，其 pH 值基本不变。稀释缓冲溶液时，酸和碱的浓度比值不改变，适当稀释不影响其 pH 值。

（2）缓冲容量。缓冲容量是衡量缓冲溶液缓冲能力大小的尺度。缓冲容量的大小与缓冲组分浓度及比值有关。缓冲组分浓度越大，缓冲容量越大；缓冲组分比值为 1：1 时，缓冲容量最大。

四、实验内容

1．溶液的配制

按照 2-7 配制一定浓度的各种溶液。

表 2-7 一定浓度的溶液的配制

所用试剂	浓度 /mol·L^{-1}	配制方法 （共 500.0 mL 溶液）		备注
		试剂	蒸馏水	
36% HAc	0.1	8.0 mL	492.0 mL	
36% HAc	1	80.1 mL	419.9 mL	
NaAc·3H$_2$O	0.1	6.8 g	500.0 mL	$M(NaAc \cdot 3H_2O) = 136.01 \text{ g} \cdot \text{mol}^{-1}$
NaAc·3H$_2$O	1	68.0 g	500.0 mL	$M(NaAc \cdot 3H_2O) = 136.01 \text{ g} \cdot \text{mol}^{-1}$

所用试剂	浓度/mol·L⁻¹	配制方法（共 500.0 mL 溶液） 试剂	配制方法（共 500.0 mL 溶液） 蒸馏水	备注
$NaH_2PO_4 \cdot 2H_2O$	0.1	7.9 g	500.0 mL	$M(NaH_2PO_4 \cdot 2H_2O) = 156.01 \text{ g} \cdot \text{mol}^{-1}$
$Na_2HPO_4 \cdot 12H_2O$	0.1	17.9 g	500.0 mL	$M(Na_2HPO_4 \cdot 12H_2O) = 358.14 \text{ g} \cdot \text{mol}^{-1}$
$NH_3 \cdot H_2O$	0.1	3.4 mL	496.6 mL	
NH_4Cl	0.1	2.7 g	500.0 mL	$M(NH_4Cl) = 53.49 \text{ g} \cdot \text{mol}^{-1}$
HCl	0.1	4.2 mL	495.8 mL	
NaOH	0.1	2.0 g	500.0 mL	$M(NaOH) = 40.01 \text{ g} \cdot \text{mol}^{-1}$
NaOH	1	20.0 g	500.0 mL	
$0.1 \text{ mol} \cdot \text{L}^{-1}$ HCl	0.0001	0.5 mL	499.5 mL	pH =4
$0.1 \text{ mol} \cdot \text{L}^{-1}$ NaOH	0.0001	0.5 mL	499.5 mL	pH =10

2. 缓冲溶液的配制与 pH 值的测定

按照表 2-8，通过计算配制三种不同 pH 值的缓冲溶液，然后用精密 pH 试纸和 pH 计分别测定它们的 pH 值。比较理论计算值与两种测定方法的实验值是否相符（溶液留作后面实验用）。

表 2-8　缓冲溶液的配制与溶液 pH 值的测定

编号	理论pH 值	各组分的体积/mL（总体积 50.0 mL）	精密 pH 试纸测pH 值	pH 计测定 pH 值
I	4.0	$0.1 \text{ mol} \cdot \text{L}^{-1}$ HAc 用量/mL		
		$0.1 \text{ mol} \cdot \text{L}^{-1}$ NaAc 用量/mL		
II	7.0	$0.1 \text{ mol} \cdot \text{L}^{-1}$ NaH₂PO₄ 用量/mL		
		$0.1 \text{ mol} \cdot \text{L}^{-1}$ Na₂HPO₄ 用量/mL		
III	10.0	$0.1 \text{ mol} \cdot \text{L}^{-1}$ NH₃.H₂O 用量/mL		
		$0.1 \text{ mol} \cdot \text{L}^{-1}$ NH₄Cl 用量/mL		

3. 缓冲溶液的性质

（1）取 3 支试管，依次加入蒸馏水、pH=4.0 的 HCl 溶液、pH=10.0 的 NaOH 溶液各 3 mL，用 pH 试纸测其 pH 值，然后向各管加入 5 滴 $0.1 \text{ mol} \cdot \text{L}^{-1}$ HCl 溶

液，再测其 pH 值。用相同的方法，试验 5 滴 0.1 mol·L^{-1} NaOH 溶液对上述 3 种溶液 pH 值的影响。

（2）取 3 支试管，依次加入自己配制的 pH=4.0、pH=7.0、pH=10.0 的缓冲溶液各 3 mL，然后向各试管加入 5 滴 0.1 mol·L^{-1} HCl 溶液，用精密 pH 试纸测其 pH 值。用相同的方法，试验 5 滴 0.1 mol·L^{-1} NaOH 溶液对上述 3 种缓冲溶液 pH 值的影响。

（3）取 4 支试管，依次加入 pH = 4.0 缓冲溶液、pH=4.0 的 HCl 溶液、pH=10.0 的缓冲溶液、pH=10 的 NaOH 溶液各 1.0 mL，用精密 pH 试纸测定各管中溶液的 pH 值。然后向各管中加入 10 mL 水，混匀后再用精密 pH 试纸测其 pH 值，考察稀释对上述 4 种溶液 pH 值的影响，将结果填入表 2-9 中。

表 2-9　缓冲溶液的性质

| 实验编号 | 加入的溶液 | | pH 值 | 加 5 滴 0.1 mol·L^{-1} HCl 后的 pH 值 | 加 5 滴 0.1 mol·L^{-1} NaOH 后的 pH 值 | 加 10 mL 水后的 pH 值 |
	溶液种类	体积/mL				
1	蒸馏水	3				—
2	pH=4.0 HCl	3				—
3	pH=10.0 NaOH	3				—
4	pH=4.0 缓冲溶液	3				
5	pH=7.0 缓冲溶液	3				
6	pH=10.0 缓冲溶液	3				
7	pH=4.0 缓冲溶液	1		—	—	
8	pH=4.0 HCl	1		—	—	
9	pH=10.0 缓冲溶液	1		—	—	
10	pH=10 NaOH	1		—	—	

通过以上实验结果，说明缓冲溶液有什么性质。

4．缓冲溶液的缓冲容量

（1）缓冲容量与缓冲组分浓度的关系

取 2 支大试管，在一支试管中加入 0.1 mol·L^{-1} HAc 和 0.1 mol·L^{-1} NaAc 溶液各 3 mL，另一支试管中加入 1 mol·L^{-1} HAc 和 1 mol·L^{-1} NaAc 溶液各 3 mL，混匀后用精密 pH 试纸测定两试管内溶液的 pH 值，在两试管中分别滴入 2 滴甲基红指示剂，观察溶液所呈颜色（甲基红在 pH<4.2 时呈红色，pH>6.3 时呈黄色）。然后在 2 支试管中分别逐滴加入 1 mol·L^{-1} NaOH 溶液（每加入一滴 NaOH 均需摇匀），直至溶液的颜色变为黄色。记录各试管所滴入 NaOH 的滴数，说明哪一试管中缓冲溶液的缓冲容量大，将结果填入表 2-10 中。

表 2-10　缓冲容量与缓冲组分浓度的关系

实验编号	V(HAc)		V(NaAc)		pH 值	滴入 1 滴甲基红后的颜色	溶液变黄时所加入 NaOH 的总滴数	缓冲容量大小
	0.1 mol·L^{-1}	1 mol·L^{-1}	0.1 mol·L^{-1}	1 mol·L^{-1}				
1	3 mL	—	3 mL	—				
	—	3 mL	—	3 mL				

（2）缓冲容量与缓冲组分比值的关系

取 2 支大试管，用吸量管在一试管中加入 NaH_2PO_4 溶液和 Na_2HPO_4 溶液各 5 mL，另一试管中加入 1 mL 0.1 mol·L^{-1} NaH_2PO_4 溶液和 9 mL 0.1 mol·L^{-1} Na_2HPO_4 溶液，混匀后，用精密 pH 试纸分别测量两试管中溶液的 pH 值。然后在每个试管中各加入 0.9 mL 0.1 mol·L^{-1} NaOH 溶液，混匀后再用精密 pH 试纸分别测量两试管中溶液的 pH 值。试说明哪一支试管中缓冲溶液的缓冲容量更大，将结果填入 2-11 中。

表 2-11　缓冲容量与缓冲组分比值的关系

实验编号	V(0.1 mol·L^{-1} NaH$_2$PO$_4$)	V(0.1 mol·L^{-1} Na$_2$HPO$_4$)	pH 值	加入 0.9 mL 0.1 mol·L^{-1} NaOH 后的 pH 值	缓冲容量大小
2	5 mL	5 mL			
	1 mL	9 mL			

五、注意事项

（1）缓冲溶液的配制要注意精确度。

（2）了解 pH 计的正确使用方法，注意电极的保护。

六、思考题

（1）缓冲溶液为什么具有缓冲能力？

（2）缓冲溶液的 pH 值由哪些因素决定？

（3）缓冲溶液的缓冲容量大小取决于哪些因素？

任务三　验证性实验

实验八　解离平衡和沉淀溶解平衡

一、实验目的

（1）理解同离子效应、盐类的水解作用及影响盐类水解的主要因素。

（2）验证缓冲溶液的缓冲作用。

（3）复习酸度计（pH 计）的使用方法。

（4）理解沉淀溶解平衡，沉淀的生成和溶解的条件，了解分步沉淀及沉淀的转化。

二、实验用品

仪器：酸度计、台秤、试管。

药品：固体 NH_4Ac、$NaCl$、NH_4Cl、$NaAc$、$BiCl_3$、$NaNO_3$、$Fe(NO_3)_3 \cdot 9H_2O$，HCl（$0.1\ mol \cdot L^{-1}$、$2\ mol \cdot L^{-1}$、$6\ mol \cdot L^{-1}$）、HNO_3（$2\ mol \cdot L^{-1}$）、HAc（$0.1\ mol \cdot L^{-1}$），$NH_3 \cdot H_2O$（$0.1\ mol \cdot L^{-1}$、$2\ mol \cdot L^{-1}$），$NaOH$（$0.1\ mol \cdot L^{-1}$、$2\ mol \cdot L^{-1}$），KI（$0.001\ mol \cdot L^{-1}$、$0.1\ mol \cdot L^{-1}$）、$Pb(NO_3)_2$（$0.001\ mol \cdot L^{-1}$、$0.1\ mol \cdot L^{-1}$）、NH_4Cl（$1\ mol \cdot L^{-1}$）、$CaCl_2$（$0.1\ mol \cdot L^{-1}$、$0.5\ mol \cdot L^{-1}$），饱和的 Na_2CO_3、$PbCl_2$、$NaCl$、$(NH_4)_2C_2O_4$ 溶液，$0.1\ mol \cdot L^{-1}$ 的下列溶液：$AgNO_3$、K_2CrO_4、NaF、$NaAc$、Na_2S、$MgCl_2$ 和 $ZnCl_2$。

其他：酚酞、甲基橙、pH 试纸。

三、实验原理

1. 解离平衡

（1）弱电解质的同离子效应

弱电解质在水溶液中都会发生部分解离，解离出来的离子与未解离的分子处于平衡状态。例如，弱酸 HAc 存在着以下平衡：

$$HAc \rightleftharpoons H^+ + Ac^-$$

若在此平衡系统中加入含有相同离子的强电解质，如 NaAc，会使解离平衡向左移动，从而使 HAc 解离度降低，这种作用称为同离子效应。

2. 盐类水解

大多数盐类（除强酸强碱盐外）在水溶液中都会发生水解。盐类水解程度的大小主要与盐类本身的性质有关，此外还受温度、浓度和酸度的影响。盐类的水解过程是吸热过程，升高温度可促进水解；加水稀释，也有利于水解；若水解产物中有沉淀或气体生成，则水解程度更大。例如，$BiCl_3$ 的水解如下：

$$BiCl_3 + H_2O \rightleftharpoons BiOCl\downarrow + 2HCl$$

若向其中加入盐酸，则会抑制水解，平衡向左移动，沉淀消失。

3. 沉淀溶解平衡

在一定温度下，难溶电解质溶液中离子浓度与标准浓度之比值以离子系数为幂的乘积是一个常数，称为溶度积常数，简称溶度积。例如，在 PbI_2 饱和溶液中，建立起下列平衡：

$$PbI_2（s）\rightleftharpoons Pb^{2+} + 2I^-$$

其溶度积常数 $K_{sp}^{\ominus}$ 的表达式为

$$K_{sp}^{\ominus}(PbI_2) = \frac{c(Pb^{2+})}{c^{\ominus}}\left[\frac{c(I^-)}{c^{\ominus}}\right]^2$$

将任意状况下离子浓度幂的乘积（离子积）与溶度积比较，则可以判断沉淀的生成或溶解，称为溶度积规则。

在已生成沉淀的系统中，加入某种能降低离子浓度的试剂，使溶液中离子积小于溶度积，就可使沉淀溶解。此外，盐效应可使难溶电解质的溶解度有所增大。

如果溶液中同时存在数种离子，它们都能与同一种试剂（沉淀剂）作用产生沉淀，向溶液中逐渐加入此沉淀剂时，某种难溶电解质的离子浓度幂的乘积先达到溶度积的就先沉淀出来，后达到溶度积的就后产生沉淀，这种先后沉淀的次序称为分步沉淀。

将一种沉淀转化为另一种沉淀的过程，称为沉淀的转化。对于相同类型难溶电解质之间的转化的难易，可以通过比较它们的溶度积大小来判断。

四、实验内容

（一）解离平衡

1. 弱电解质的同离子效应

（1）两支试管中各加入 0.1 mol·L^{-1} HAc 溶液 2 mL，分别加 1 滴甲基橙溶液，摇匀后观察溶液颜色（橙红色）。然后在一支试管中加入少量固体 NaAc，振荡使其溶解，观察溶液颜色变化，与另一支试管进行比较，并解释之。

（2）参照上述步骤，自行设计简单实验，证实弱碱溶液中的同离子效应。

2．盐类水解

（1）配制试剂及初步实验

① 配制 100 mL 0.1 mol·L^{-1} 的 NaCl、NaAc、NH$_4$Cl、NH$_4$Ac 溶液，用 pH 试纸和 pH 计测定其 pH 值，一并测出蒸馏水的 pH 值，与自己计算的上述各溶液的 pH 值同时填入表 2-12。

表 2-12　同浓度不同盐溶液的 pH 值

溶液		NaCl	NaAc	NH$_4$Cl	NH$_4$Ac	蒸馏水
pH 计算值						
pH 测定值	pH 试纸					
	pH 计					

② 在两支试管中各加入 3 mL 蒸馏水，然后分别加入少量固体 Fe(NO$_3$)$_3$·9H$_2$O 及 BiCl$_3$（BiCl$_3$ 只需绿豆大小），振荡，观察现象。用 pH 试纸分别测定其 pH 值。解释之。

保留 NaAc、Fe(NO$_3$)$_3$·9H$_2$O、BiCl$_3$ 3 支试管中的物质。

（2）取上面制得的 NaAc 溶液，加 1 滴酚酞指示剂，加热，观察溶液颜色变化，并解释之。

（3）将（1）制得的 Fe(NO$_3$)$_3$ 溶液分成 3 份，第 1 份留作比较用；第 2 份中加入 2 mol·L^{-1} HNO$_3$ 1 ~ 2 滴，观察颜色变化；第 3 份用小火加热，观察颜色的变化。解释上述现象。

（4）在（1）制得的含 BiOCl 白色浑浊物的试管中逐滴加入 6 mol·L^{-1} HCl，并剧烈振荡，至溶液澄清（注意 HCl 不要过量）。再加入水稀释，有何现象？解释之。由此了解实验室如何配制 BiCl$_3$、SnCl$_2$ 等易水解盐类的溶液。

（二）沉淀溶解平衡

1．沉淀的生成

（1）两支试管中各盛蒸馏水 1 mL，分别加入 1 滴 0.1 mol·L^{-1} AgNO$_3$、0.1 mol·L^{-1} Pb(NO$_3$)$_2$ 溶液，摇匀，然后各加入 0.1 mol·L^{-1} K$_2$CrO$_4$ 溶液 1 滴，振荡，观察并记录现象，写出反应方程式。

（2）取 0.1 mol·L^{-1} Pb(NO$_3$)$_2$ 溶液 5 滴，加入 0.1 mol·L^{-1} KI 溶液 10 滴，观察并记录现象，写出反应方程式。

另取 0.001 mol·L^{-1} Pb(NO$_3$)$_2$ 溶液 5 滴，加入 0.001 mol·L^{-1} KI 溶液 10 滴，观察并记录现象，解释之。

（3）在试管中加入 1 mL 饱和 PbCl$_2$ 溶液，逐滴加入饱和 NaCl 溶液，观察现象，解释之。

2．沉淀的溶解

（1）取 0.1 mol·L^{-1} MgCl$_2$ 溶液 10 滴，加入 2 mol·L^{-1} 氨水 5～6 滴，观察现象。然后再逐滴加入 1 mol·L^{-1} NH$_4$Cl，观察现象，解释并写出反应方程式。

（2）在试管中加入饱和 (NH$_4$)$_2$C$_2$O$_4$ 溶液 5 滴和 0.1 mol·L^{-1} CaCl$_2$ 溶液 5 滴，观察现象。然后逐滴加入 2 mol·L^{-1} HCl 溶液，振荡，观察现象，解释并写出反应方程式。

（3）试管中盛 2 mL 蒸馏水，加入 0.1 mol·L^{-1} Pb(NO$_3$)$_2$ 溶液 1 滴和 0.1 mol·L^{-1} KI 溶液 2 滴，振荡试管，观察沉淀的颜色和形状，然后再加少量固体 NaNO$_3$，振荡，观察现象，解释之。

（4）取 1 mL 0.1 mol·L^{-1} AgNO$_3$ 溶液，加入 2 mol·L^{-1} 氨水 1 滴，观察现象，再继续滴加 2 mol·L^{-1} 氨水，观察现象，解释之。

（5）取 1 mL 0.1 mol·L^{-1} ZnCl$_2$ 溶液 10 滴，逐滴加入 2 mol·L^{-1} NaOH 溶液，观察现象的变化，解释并写出反应方程式。

3．分步沉淀

（1）在试管中加入 0.1 mol·L^{-1} NaCl 溶液 2 滴和 0.1 mol·L^{-1} KI 溶液 2 滴，用 5 mL 水稀释，摇匀，逐滴加入 0.1 mol·L^{-1} AgNO$_3$ 溶液，振荡，观察沉淀的颜色和形状，根据沉淀的颜色变化和溶度积判断哪一种难溶物质先沉淀。

（2）在试管中加入 0.1 mol·L^{-1} Na$_2$S 溶液 2 滴和 0.1 mol·L^{-1} NaF 溶液 2 滴，稀释至 4 mL，加入 0.1 mol·L^{-1} Pb(NO$_3$)$_2$ 溶液 2～3 滴，振荡试管，观察沉淀的颜色，待沉淀沉降后，再向溶液中逐滴加入 0.1 mol·L^{-1} Pb(NO$_3$)$_2$ 溶液（此时不要振荡试管，以免黑色沉淀泛起），观察沉淀的颜色。

运用溶度积数据和溶度积规则说明上述现象。

4．沉淀的转化

在两支试管中各加入 0.5 mol·L^{-1} CaCl$_2$ 溶液 10 滴和 0.5 mol·L^{-1} Na$_2$SO$_4$ 溶液 10 滴，剧烈振荡（或搅拌）以生成沉淀，离心分离，弃去清液。在一支含有沉淀的试管中加入 2 mol·L^{-1} HCl 溶液 10 滴，观察沉淀是否溶解。在另一支试管中加入 1 mL 饱和 Na_2CO_3 溶液，振荡 2～3 min，使沉淀转化，离心分离，弃去清液，沉淀用蒸馏水洗涤 1～2 次，然后在沉淀中加入 2 mol·L^{-1} HCl 溶液 10 滴，观察现象。写出有关反应方程式。

五、思考题

（1）什么是同离子效应？

（2）NaAc 和 NH_4Cl 溶液的 pH 值如何计算？

（3）影响盐类水解的因素有哪些？

（4）什么是溶度积规则？本实验中沉淀溶解的方法有哪些？

实验九　氧化还原反应与电化学

一、实验目的

（1）学习由标准电极电势表选择氧化还原反应的氧化剂和还原剂。

（2）熟练掌握能斯特方程的应用。

（3）通过实验认识金属的电化学腐蚀。

二、实验用品

仪器：DT830 数字式万用表（或 PZ26b 型直流数字电压表），DDZ-3 型电镀整流器[或整流器、可变电阻、安培计（0～5 A）、伏特计（0～5 V）]，电解槽（或烧杯），水盆（电解槽冷却用）。

药品：固体 MnO_2、$FeSO_4·7H_2O$，HCl（1 mol·L^{-1}，浓）、HNO_3（2 mol·L^{-1}）、HAc（1 mol·L^{-1}）、H_2SO_4（1 mol·L^{-1}、15%），NaOH（2 mol·L^{-1}、6 mol·L^{-1}、40%）、$NH_3·H_2O$（6 mol·L^{-1}），$FeSO_4$（0.5 mol·L^{-1}，溶液中放置一段铁丝或铁钉）、$Pb(NO_3)_2$（1 mol·L^{-1}）、$NaSiO_3$（d = 1.06，由水玻璃配制），0.1 mol·L^{-1} 下列溶液：KI、Na_3AsO_3、$KClO_3$、$KMnO_4$、Na_3AsO_4、Na_2SO_3，0.5 mol·L^{-1} 下列溶液：$CuSO_4$、$ZnSO_4$、Na_2S，0.01 mol·L^{-1} I_2 溶液。

材料：铜片、锌片（约 70 mm×10 mm×0.4 mm）、淀粉-KI 试纸、砂纸、盐桥、碳棒（可从废干电池中取出）、鳄鱼夹连导线、铝片（约 20 mm×80 mm）、铅片（约 50 mm×100 mm）、竹夹子（洗印照片用）、pH 试纸。

三、实验原理

有电子得失（或氧化值变化）的化学反应，称为氧化还原反应。化合价升高、失去电子的物质是还原剂，化合价降低、得电子的物质是氧化剂。

氧化剂与还原剂的相对强弱，可以用其组成电对的电极电势大小来衡量。一个电对的电极电势数值越大，其氧化态的氧化能力越强，还原态的还原能力越弱；反之则相反。所以，利用标准电极电势表，就能选择适当的氧化剂和还原剂来设计氧化还原反应，判断氧化还原反应的产物、方向和程度。例如：

$$Fe^{3+} + e^- \rightleftharpoons Fe^{2+} \qquad E^\ominus = 0.77 \text{ V}$$

$$MnO_4^- + 8H^+ + 5e^- \rightleftharpoons Mn^{2+} + 4H_2O \qquad E^\ominus = 1.51 \text{ V}$$

以 $KMnO_4$ 作为氧化剂，$FeSO_4$ 作为还原剂，它们在酸性介质中反应生成 Mn^{2+}、Fe^{3+} 和 H_2O，反应方程式为

$$MnO_4^- + 5Fe^{2+} + 8H^+ \rightleftharpoons Mn^{2+} + 5Fe^{3+} + 4H_2O$$

电对的氧化型物质或还原型物质的浓度，是影响其电极电势的重要因素之一，电对在任一离子浓度下的电极电势，可由能斯特方程算出。例如，Cu-Zn 原电池，若在铜半电池中加入氨水，由于 Cu^{2+} 和 NH_3 能生成深蓝色的、难解离的四氨合铜（Ⅱ）配离子 $[Cu(NH_3)_4]^{2+}$，溶液中 Cu^{2+} 的浓度就会降低，从而使电极电势降低：

$$Cu^{2+} + 4NH_3 \rightleftharpoons [Cu(NH_3)_4]^{2+} \qquad （深蓝色）$$

$$E(Cu^{2+}/Cu) = E^\ominus(Cu^{2+}/Cu) + \frac{0.0592}{2} \lg \frac{c(Cu^{2+})}{c^\ominus}$$

金属的腐蚀主要是电化学腐蚀，其原因是不纯金属暴露在潮湿的空气中后，金属表面形成了无数的微电池——腐蚀电池，活泼金属原子的电子发生转移，使其成为金属离子而被剥离。若将两种金属（如锌和铜）紧密接触，锌的电子将会"部分"转移到铜上而形成电偶，此时如有电解质存在，它们就形成腐蚀电池，这样铜就得到保护（腐蚀电池的阴极），而锌被腐蚀，这就是大海中轮船的铜螺旋桨和船壳上镶嵌锌的原理。

四、实验内容

1. 设计氧化还原反应

自行设计两个常用氧化剂、还原剂间的反应。可参考电极电势表，选出两种

常见的氧化剂和还原剂，写出两个氧化还原反应的实验步骤，记录现象，得出实验结论并写出反应方程式。

2. 设计实验证明物质的氧化还原性

利用表 2-13 所列电极电势设计实验，证明 $FeSO_4$、MnO_2 既具有氧化性，又具有还原性。要求写出实验步骤，记录现象，得出结论并写出相关反应方程式。

提示：① 光亮的锌片浸入 3 ~ 4 mL $FeSO_4$ 溶液（0.5 mol·L^{-1}）中，15 min 后锌片变暗或有铁被置换出来。② MnO_4^- 盐溶液为绿色，但它在强碱性介质中才稳定。

表 2-13　电极反应的标准电极电势

电极反应	$E^{\ominus}$/V
$Zn^{2+}+2e^- \rightleftharpoons Zn$	− 0.763
$Fe^{2+}+2e^- \rightleftharpoons Fe$	− 0.44
$I_2(s)+2e^- \rightleftharpoons 2I^-$	0.5345
$MnO_4^-+2H_2O+2e^- \rightleftharpoons MnO_2+4OH^-$	0.6（碱性介质）
$ClO_3^-+3H_2O+6e^- \rightleftharpoons Cl^-+6OH^-$	0.62（碱性介质）
$Fe^{3+}+e^- \rightleftharpoons Fe^{2+}$	0.771
$MnO_2+4H^++2e^- \rightleftharpoons Mn^{2+}+2H_2O$	1.23
$MnO_4^-+8H^++5e^- \rightleftharpoons Mn^{2+}+4H_2O$	1.51
$MnO_4^-+4H^++3e^- \rightleftharpoons MnO_2+2H_2O$	1.695

3. 介质对氧化还原反应的影响

（1）试管中加入 0.1 mol·L^{-1} KI 溶液 10 滴，再加入 0.1 mol·L^{-1} $KClO_3$ 溶液 3 ~ 5 滴，振荡试管，观察现象，然后逐滴加入 1 mol·L^{-1} H_2SO_4，观察现象，得出结论并写出反应方程式。

（2）在三支试管中各加入 0.01 mol·L^{-1} $KMnO_4$ 溶液 10 滴，再分别加入 1 mol·L^{-1} H_2SO_4 溶液 10 滴、6 mol·L^{-1} NaOH 溶液 10 滴和蒸馏水 10 滴，然后各加入 0.1 mol·L^{-1} Na_2SO_3 溶液 10 滴，振荡试管，观察现象，得出结论并写出反应方程式。

4. 浓度对电极电势的影响

（1）在两支干燥试管中各加入少量 MnO_2 固体，再分别加入 1 mol·L^{-1} HCl 和浓 HCl 各 1 mL，微热，用淀粉-KI 试纸分别检测有无氯气生成。

（2）在两个 100 mL 的烧杯中分别加入 50 mL 0.5 mol·L^{-1} CuSO$_4$ 和 0.5 mol·L^{-1} ZnSO$_4$ 溶液，在 CuSO$_4$ 溶液中插一铜片，在 ZnSO$_4$ 溶液中插一锌片，两烧杯用盐桥相连，再分别用导线将铜电极与数字式万用表的正极相连，将锌电极与负极相连，测定原电池的电动势。然后在搅拌下向 CuSO$_4$ 溶液中滴加 6 mol·L^{-1} NH$_3$·H$_2$O 溶液，观察电势有何变化，解释现象。

5. 酸度对电极电势的影响

由于：$\qquad$ AsO$_4^{3-}$ + 2H$_2$O + 2e$^-$ $\Longleftrightarrow$ AsO$_2^-$ + 4OH$^-$ $\qquad$ $E^\ominus$ = − 0.68 V

$$I_2（s）+ 2e^- \Longleftrightarrow 2I^- \qquad E^\ominus = 0.534\ 5\ V$$

$$H_3AsO_4 + 2H^+ + 2e^- \Longleftrightarrow H_3AsO_3 + H_2O \qquad E^\ominus = 0.56\ V$$

故 AsO$_4^{3-}$ 与 I$^-$ 发生如下反应：

$$AsO_4^{3-} + 2I^- + 2H^+ \Longleftrightarrow AsO_3^{3-} + I_2 + H_2O$$

在 100 mL 烧杯中混合 0.1 mol·L^{-1} Na$_3$AsO$_4$ 和 0.1 mol·L^{-1} Na$_3$AsO$_3$ 溶液各 20 mL，另一烧杯中混合 0.1 mol·L^{-1} KI 和 0.01 mol·L^{-1} I$_2$ 溶液各 20 mL。两杯中分别插入一根有导线连接的碳棒，将碳棒上的导线分别用数字万用表相连，两杯用盐桥相连，测定原电池的电动势，并指出原电池的正、负极。

在 Na$_3$AsO$_4$-NaAsO$_3$ 混合溶液中，在搅拌下滴加浓盐酸 2 mL，测定原电池的电动势，并指出原电池的正、负极。再在此混合溶液中加入 40% NaOH 溶液 3 mL，测定原电池的电动势，并指出原电池的正、负极，解释实验现象。

6. 金属的电化学腐蚀——腐蚀电池

（1）在 100 mL 烧杯中按 Pb(NO$_3$)$_2$、HAc、NaSiO$_3$ 的体积比为 1 : 11 : 10 配制成 60 ~ 70 mL 时必须搅拌均匀，混合液应为弱酸性（pH = 5）。

（2）将混合液放在水浴上缓慢加热至约 90 ℃（尽量不使升温太快、太高，防止胶冻内生成气泡），直至形成硅胶冻。

（3）取铜片和锌片用砂纸擦光，再用纸擦净，然后将铜片一端 1 cm 处弯成适当角度，再和锌片成"人"字形的插入硅胶中 2 ~ 3 cm。（在硅胶冻外面的）两金属片上端一定要紧密接触，才能构成电偶。

（4）数分钟后观察现象，解释，写出反应式。

五、思考题

（1）在自行设计实验时，要考虑哪些问题？写出实验的具体步骤。

（2）标准电极电势表有哪些应用？

实验十 配位化合物的形成和性质

一、实验目的

（1）学会有关配合物的制备与性质。

（2）掌握配合物与复盐、配离子与简单离子的区别。

（3）理解配离子稳定常数的意义。

二、实验用品

仪器：试管、滴管。

试剂：$2 \ mol \cdot L^{-1}$ NaOH、$6 \ mol \cdot L^{-1}$ $NH_3 \cdot H_2O$、无水乙醇，$0.1 \ mol \cdot L^{-1}$ 下列溶液：$CuSO_4$、$BaCl_2$、$FeCl_3$、$AgNO_3$、NaF、KI、KSCN、$K_3[Fe(CN)_6]$、$NH_4Fe(SO_4)_2$。

三、实验原理

1．配位化合物组成

内界（中心离子+配体）+外界

2．配离子的稳定平衡常数

配位化合物为强电解质，在水溶液中完全电离成内界（配离子）和外界，如：

$$[Cu(NH_3)_4]SO_4 \Longrightarrow [Cu(NH_3)_4]^{2+} + SO_4^{2-}$$

配离子是弱电解质，在水溶液中部分电离，如：

$$[Cu(NH_3)_4]^{2+} \Longrightarrow Cu^{2+} + 4NH_3$$

其平衡常数表达式为

$$K_{不稳} = \frac{c(Cu^{2+})c^4(NH_3)}{c\{[Cu(NH_3)_4]^{2+}\}}$$

3．配离子的离解平衡

配离子的离解是一种化学平衡，当改变某物质的浓度时，平衡会发生移动。离解平衡移动的方向：向着生成 $K_{稳}$ 更大（更难离解）的配离子方向移动。

四、实验内容

1. 配位化合物的制备

实验操作流程见图 2-12。

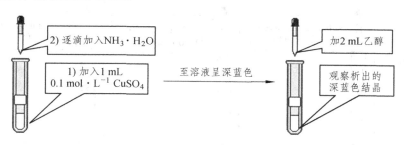

图 2-12　配合物的制备流程

观察实验现象，并写出反应方程式。

2. 配离子和简单离子性质比较（表 2-14）

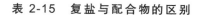

表 2-14　配离子和简单离子性质比较

实验操作	FeCl$_3$ + KSCN 各 2 滴	K$_3$[Fe(CN)$_6$] + KSCN 各 2 滴
实验现象及解释		

3. 复盐与配合物的区别（表 2-15）

表 2-15　复盐与配合物的区别

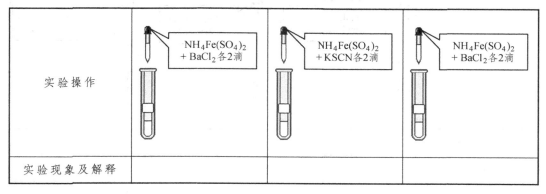

实验操作	NH$_4$Fe(SO$_4$)$_2$ + BaCl$_2$ 各 2 滴	NH$_4$Fe(SO$_4$)$_2$ + KSCN 各 2 滴	NH$_4$Fe(SO$_4$)$_2$ + BaCl$_2$ 各 2 滴
实验现象及解释			

4. 配离子的离解（表 2-16、表 2-17）

表 2-16　配离子的离解 1

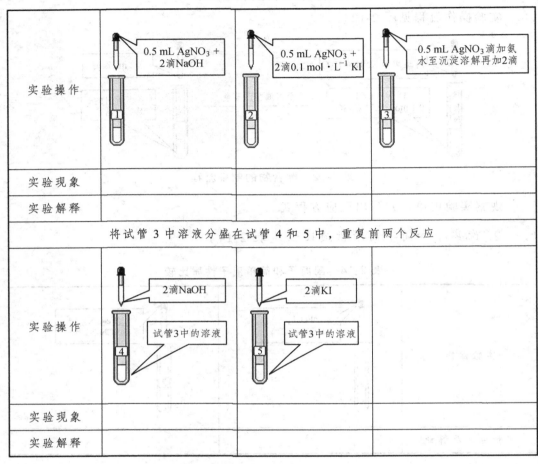

将试管 3 中溶液分盛在试管 4 和 5 中，重复前两个反应

表 2-17　配离子的离解 2

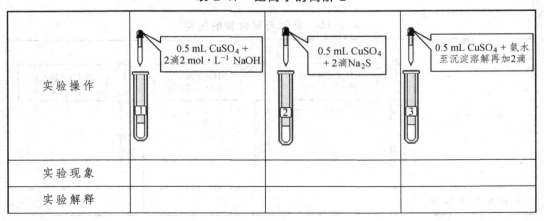

	将试管 3 中溶液分盛在试管 4 和 5 中，重复前两个反应		
实验操作	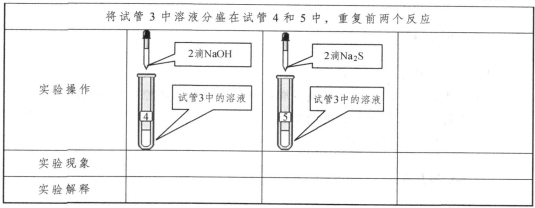		
实验现象			
实验解释			

讨论：配离子是弱电解质，在水溶液中部分电离，因此溶液中以游离状态存在的中心离子的浓度较低，只能与其他离子生成溶度积很小的沉淀。

5. 配离子的形成与转化（图 2-13）

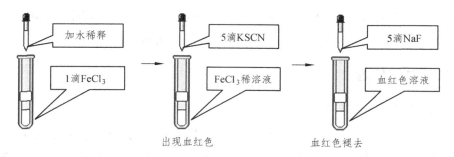

图 2-13　配离子的形成与转化过程

观察实验现象，并写出反应式。

五、注意事项

（1）实验过程中取用后的试剂瓶要放回原处，以便他人取用。

（2）滴加试剂时滴管不能伸入试管内部，以免污染公用试剂。

（3）严格控制化学试剂的用量。

（4）KCN 为剧毒物质，使用时必须小心，废液注意回收。

六、思考题

（1）配合物与复盐有什么区别？

（2）配离子与简单离子有何不同？

（3）哪些因素影响配离子的离解平衡？

实验十一　卤　素

一、实验目的

（1）了解卤素单质的溶解性。
（2）熟悉卤素单质的氧化性递变顺序和卤素离子的还原性递变顺序。
（3）掌握氯的含氧酸及其盐的氧化性。
（4）掌握卤素离子的鉴定。

二、实验用品

仪器：离心机。

药品：固体碘、锌粉、$FeSO_4 \cdot 7H_2O$、NaF，HCl（2 mol·L^{-1}）、HNO$_3$（2 mol·L^{-1}）、
H_2SO_4（2 mol·L^{-1}）、HF（市售），NaOH（2 mol·L^{-1}），KClO$_3$（饱和溶液）、
$(NH_4)_2CO_3$（12%），0.1 mol·L^{-1}的下列溶液：KBr、KI、NaCl，新配氯水、溴
水、碘水，品红溶液、CCl$_4$、淀粉溶液，淀粉-碘化钾试纸，石蜡，H_2O_2（3%）。

材料：玻璃片（3 cm×5 cm），滴管，镊子，塑料手套。

三、实验原理

1. 卤素单位的性质

卤素单质在水中的溶解度很小（氟与水发生剧烈的化学反应），而在有机溶
剂中溶解度较大，所以当水溶液中有 Br$^-$、I$^-$ 时，可用氧化剂将它们氧化成 Br$_2$、
I$_2$，再用 CCl$_4$ 等萃取。在 CCl$_4$ 中，Br$_2$ 显橙色，I$_2$ 显紫红色，借此可以鉴定 Br$^-$、
I$^-$ 的存在。卤素单质都是氧化剂，并且按 Cl$_2 \rightarrow$ Br$_2 \rightarrow$ I$_2$ 顺序，前者可以从后者
的卤化物中将其置换出来。

卤化氢易溶于水，其水溶液称为氢卤酸。氢氟酸是一种弱酸，其余均为强酸，
并且具有一定的还原性，其中 HI 的还原性最强，能被空气中的氧气氧化：

$$4H^+ + 4I^- + O_2 \longrightarrow 2I_2 + 2H_2O$$

氧化生成的 I$_2$ 能与 I$^-$ 结合成红棕色的 I$_3^-$，因此，碘化物溶液长期存放时会有
颜色：

$$I_2 + I^- \Longrightarrow I_3^-$$

2. 氢氟酸的性质

氢氟酸不同于其他氢卤酸，它能与二氧化硅、硅酸盐作用生成气态 SiF$_4$：

$$SiO_2 + 4HF \longrightarrow SiF_4\uparrow + 2H_2O$$

$$CaSiO_3 + 6HF \longrightarrow SiF_4\uparrow + CaF_2 + 3H_2O$$

玻璃的主要成分是硅酸盐，所以，HF 不能存放在玻璃瓶中。但是，HF 的这一特性可用于玻璃的刻蚀加工和溶解二氧化硅及各种硅酸盐。

3．卤酸盐和次卤酸盐

卤素溶解于水时，部分能与水发生作用，并且存在下列平衡：

$$X_2 + H_2O \xrightleftharpoons{} H^+ + X^- + HXO$$

因此，在氯的水溶液（称为氯水）中加入碱时，平衡向右移动，并生成氯化物和次氯酸盐。次氯酸和次氯酸盐都是强氧化物，具有漂白性。例如：

$$NaClO + 2HCl \longrightarrow Cl_2\uparrow + NaCl + H_2O$$

$$NaClO + 2KI + H_2O \longrightarrow I_2\downarrow + NaCl + 2KOH$$

$$2NaClO + MnSO_4 \longrightarrow MnO_2\downarrow + Cl_2\uparrow + Na_2SO_4$$

卤酸盐在酸性溶液中都具有较强的氧化性，在碱性溶液中氧化性较弱，从有关电对的电极电势可以看出，氯酸盐是较强的氧化剂，例如：

$$KClO_3 + 6HCl \xrightarrow{\triangle} 3Cl_2\uparrow + KCl + 3H_2O$$

$$KClO_3 + 6FeSO_4 + 3H_2SO_4 =\!=\!= 3Fe_2(SO_4)_3 + KCl + 3H_2O$$

$$KClO_3 + 6KBr + 3H_2SO_4 \xrightarrow{\triangle} 3Br_2 + KCl + 3K_2SO_4 + 3H_2O$$

$$KClO_3 + 6KI + 3H_2SO_4 =\!=\!= 3I_2\downarrow + KCl + 3K_2SO_4 + 3H_2O$$

在酸性溶液中，$HClO_3$ 还能将 I_2 进一步氧化成 HIO_3：

$$2HClO_3 + I_2 =\!=\!= 2HIO_3 + Cl_2\uparrow$$

四、实验内容

1．氯、溴、磷单质的溶解性

（1）取 3 支试管，第一支加入新配制氯水 1 mL，另两支分别加入溴水和碘水 0.5 mL（或各加入 1 mL 水后，再分别加 2 滴溴水，1 小粒碘，振荡试管），观察，记录颜色。

（2）在以上 3 支试管中，各加入 CCl_4 10 滴，振荡试管，观察，记录 CCl_4 相和水相的颜色。

根据上述实验现象解释卤素单质的溶解性。

2．自行设计实验，证明卤素间的置换顺序

（1）通过实验证明氯能够置换出溴，溴能置换出碘。

（2）所做实验应能观察到实验现象有变化。

（3）在 KBr、KI 的混合液中，加满 CCl₄，用氯水证明置换顺序。

（4）从（1）～（3）的实验结果，说明氯、溴、碘氧化性相对强弱的变化规律，写出有关反应方程式。

3．氢氟酸对玻璃的腐蚀性

在一块洁净干燥的玻璃片上，均匀地涂上一薄层熔融石蜡，冷却后用针头或刀尖在玻璃片中间刻字或花纹（注意，笔迹一定要穿透石蜡，露出玻璃），在通风橱中小心用塑料滴管吸取（或用毛笔蘸取）少量氢氟酸，滴或涂在笔迹上（也可在笔迹上撒一薄层 NaF，然后在 NaF 上小心滴加浓硫酸），放在通风柜中，至实验结束时，用镊子将玻璃片放在盛水的烧杯中，再取出用水冲洗一下，刮去玻璃片上的石蜡，观察，记录现象，写出反应方程式。

4．氯的含氧酸及其盐的氧化性

（1）次氯酸钠及次氯酸的氧化性

取氯水约 4 mL，加入 2 mol·L⁻¹ NaOH 溶液 1～2 滴（用 pH 试纸检查，溶液刚到碱性即止），将溶液一分为三。

在一支试管中加入 0.1 mol·L⁻¹ KI 溶液 3～5 滴，再滴加 2～3 滴淀粉溶液，观察，记录现象，再滴加 2 mol·L⁻¹ HCl，观察现象。

在第二支试管中加入 2 mol·L⁻¹ HCl 溶液 4～6 滴，试证明有氯气生成，写出有关反应方程式。

在第三支试管中逐滴加入品红溶液，观察品红颜色是否褪去。

由上述实验结果，试对次氯酸及其盐的性质作出结论。

（2）自行设计实验，试验氯酸盐的氧化性与介质酸碱性的关系

要求：

① 氯酸盐在中性介质中氧化性如何？氯酸盐在酸性介质中的氧化性如何？

② 每一实验用两种还原剂做试验。

5．自行设计实验，证明 Br₂ 在碱性溶液中的歧化反应

提示：在碱性溶液中溴的元素电势图如图 2-14 所示。

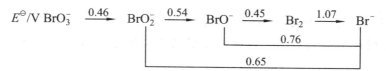

图 2-14　Br_2 在碱性溶液中的电势图

由图 2-14 可知，Br_2 在碱性溶液中容易发生歧化反应，生成次溴酸盐和溴化物。但次溴酸盐热稳定性较差，也容易发生歧化反应，所以，Br_2 在温度为 50～80 ℃ 的碱溶液中得到的产物几乎全是溴酸盐。

6. 自行设计 Cl^-、Br^-、I^- 混合离子分离及 Br^-、I^- 滴定的实验

提示：AgX 都是难溶性沉淀。AgCl 可与 12% 的 $(NH_3)_2CO_3$ 溶液作用，生成 $[Ag(NH_3)_2]Cl$ 而溶解，从而与 AgBr 和 AgI 沉淀分离。然后在分离出来的溶液中加入 HNO_3，如有白色沉淀，表示有 Cl^- 存在。AgBr、AgI 沉淀可用少量锌粉在稀酸溶液中发生置换反应，使 Br^-，I^- 重新进入溶液，再进行 Br^- 和 I^- 的鉴定。为使反应完全，沉淀易于分离，反应过程中常需水浴加热。

要求：① 查阅参考书刊，写出分离、鉴定步骤，并用直观、简明的示意图表示。

② 各取 4 滴相同浓度的卤化物溶液，自己配制成混合离子试液。

③ 所得沉淀在下一步处理前一般要洗涤 2 次。

④ 分别鉴定 Br^-、I^-，保留产物，以备检查。

五、思考题

（1）实验中如何制备次氯酸钠？

（2）在 Br^-、I^- 混合离子溶液中加入氯水时，足量的氯最终将 I^- 氧化成什么物质？

（3）写好自行设计实验的操作步骤，并注明反应条件。

（4）要使 0.1 mol AgBr 溶于氨水生成 $[Ag(NH_3)_2]^+$，氨水浓度至少是多少？

实验十二　氮、磷、碳、硅和硼

一、实验目的

（1）掌握硝酸的氧化性，亚硝酸的制取和性质，并了解相应盐的性质。

（2）熟悉碳、硅、硼含氧酸盐在水溶液中的水解。

（3）学会 NH_4^+、NO_3^-、NO_2^-、CO_3^{2-}、PO_4^{3-} 的鉴定。

（4）了解硅酸盐的性质、硅酸的生成条件和活性炭的吸附作用。

二、实验用品

仪器：点滴板、普通漏斗。

药品：固体 $FeSO_4 \cdot 7H_2O$、锌粉、硫黄粉、铜粉、硼砂、$NaNO_3$、Na_3PO_4、Na_2CO_3、$NaHCO_3$、Na_2SiO_3，HCl（$2\ mol \cdot L^{-1}$）、HNO_3（$2\ mol \cdot L^{-1}$，浓）、H_2SO_4（浓），$NaOH$（$2\ mol \cdot L^{-1}$）、饱和石灰水（新配），$Pb(NO_3)_2$（$0.001\ mol \cdot L^{-1}$）、$KMnO_4$（$0.01\ mol \cdot L^{-1}$）、Na_2SiO_3（$d = 1.06$，用水玻璃配制）、$Hg(NO_3)_2$（$0.001\ mol \cdot L^{-1}$）、KI（$0.02\ mol \cdot L^{-1}$），$0.1\ mol \cdot L^{-1}$ 的下列溶液：Na_3PO_4、NH_4Cl、$BaCl_2$、KNO_3、$(NH_4)_6Mo_7O_{24}$、KNO_2、K_2CrO_4、$Na_2B_4O_7$、Na_2CO_3、$NaHCO_3$。

材料：活性炭、靛蓝溶液、pH 试纸、滤油、甘油、奈斯勒试剂。

三、实验原理

1. 硝酸及其盐

硝酸是强酸，又是强氧化剂。硝酸与非金属反应时，被还原为 NO；与金属反应时，其还原产物主要取决于硝酸的浓度和金属的活动性，浓硝酸通常被还原为 NO_2，稀硝酸通常被还原为 NO。当活泼金属如 Fe、Zn、Mg 与稀硝酸反应时，主要还原为 NO，与很稀的硝酸作用时产物为 N_2O 甚至为 NH_3。

硝酸盐在常温下较稳定，受热时稳定性较差，易分解，一般放出氧气，所以它们都是强氧化剂。

亚硝酸很不稳定，只能存在于冷的很稀的溶液中，常由亚硝酸盐与稀酸作用制得：

$$NaNO_2 + H_2SO_4（稀）=\!\!=\!\!= HNO_2 + NaHSO_4$$

$$2HNO_2 \underset{冷}{\overset{热}{=\!\!=\!\!=}} H_2O + NO\uparrow + NO_2\uparrow$$

亚硝酸中氮的氧化值为+3，故其既具有氧化性，又具有还原性。

2. NO_2^-、NO_3^- 的鉴定

NO_2^- 和过量的 $FeSO_4$ 溶液在 HAc 溶液中能生成棕色的 $[Fe(NO)]SO_4$：

$$NO_2^- + Fe^{2+} + 2HAc =\!\!=\!\!= NO + Fe^{3+} + 2Ac^- + H_2O$$

$$NO + FeSO_4 =\!\!=\!\!= [Fe(NO)]SO_4$$

检验 NO_3^- 也可以采用相同方法，但必须使用浓硫酸，在浓硫酸与溶液的液层交界处出现棕色环（此法称为棕色环法），其反应式为

$$3Fe^{2+} + NO_3^- + 4H^+ === 3Fe^{3+} + NO + 2H_2O$$

$$NO + Fe^{2+} === [Fe(NO)]^{2+}$$

3. 氨的鉴定

氨能与酸发生反应生成铵盐。铵盐遇碱有氨气放出，借此可鉴定 NH_4^+ 的存在。NH_4^+ 的鉴别通常采用以下两种方法：

（1）用 NaOH 溶液和 NH_4^+ 反应，在加热情况下放出氨气，湿润的使红色石蕊试纸变蓝。

（2）用奈斯勒试剂（$K_2[HgI_4]$ 的碱性溶液）和 NH_4^+ 反应，生成红棕色沉淀：

$$NH_4^+ + 2[HgI_4]^{2-} + 4OH^- \longrightarrow \left[O \begin{matrix} Hg \\ Hg \end{matrix} NH_2 \right] I \downarrow + 7I^- + 3H_2O$$

4. 磷酸盐的鉴定

磷酸的各种钙盐在水中的溶解度不同，$Ca(H_2PO_4)_2$ 易溶于水，而 $CaHPO_4$ 和 $Ca_3(PO_4)_2$ 则难溶于水。

PO_4^{3-} 的鉴别方法：PO_4^{3-} 与钼酸铵反应，生成黄色难溶晶体，其反应方程式为

$$PO_4^{3-} + 3NH_4^+ + 12MoO_4^{2-} + 24H^+ === (NH_4)_3PO_4 \cdot 12MoO_3 \cdot 6H_2O + 6H_2O$$

5. 碳的同素异形体

碳有三种同素异形体，即金刚石、石墨和 C_n 原子族。活性炭为黑色细小的颗粒和粉末，其特点是孔隙率高，1 g 活性炭的表面积可达 $500 \sim 1000$ m^2。因此，活性炭具有极强的吸附能力，可用于吸附某些气体以及某些有机分子中的杂质而使其脱色。活性炭还能吸附水溶液中的某些有毒重金属离子。

6. 磷、硅、硼的含氧酸

碳、硅、硼的含氧酸都是很弱的酸，因此其可溶性盐都易水解而使溶液显碱性：

$$CO_3^{2-} + H_2O \rightleftharpoons HCO_3^- + OH^-$$

$$HCO_3^- + H_2O \rightleftharpoons H_2CO_3 + OH^-$$

$$SiO_3^{2-} + 2H_2O \rightleftharpoons H_2SiO_3 + 2OH^-$$

H_2SiO_3 的酸性比 H_2CO_3 弱，并且是难溶性酸，所以用可溶性的 Na_2SiO_3 和 NH_4Cl 溶液相互作用，可制得硅酸：

$$Na_2SiO_3 + 2NH_4Cl \longrightarrow H_2SiO_3\downarrow + 2NaCl + 2NH_3\uparrow$$

硼酸为片状晶体，在热水中溶解度较大。H_3BO_3 是一元弱酸，其水溶液呈弱酸性，并非来自 H_3BO_3 的解离，而是由于其与水解离出来的 OH^- 之间的配合作用：

$$B(OH)_3 + H_2O \rightleftharpoons B(OH)_4^- + H^+ \qquad K^\ominus = 5.8 \times 10^{-10}$$

在硼酸溶液中加入多羟基化合物，如加入甘油（丙三醇），由于形成螯合物，溶液酸性增强：

$$H_3BO_3 + 2\begin{matrix} CH_2OH \\ | \\ CHOH \\ | \\ CH_2OH \end{matrix} \longrightarrow \left[\begin{matrix} CH_2O \\ | \\ CHOH \\ | \\ CH_2O \end{matrix} B \begin{matrix} OCH_2 \\ | \\ CHOH \\ | \\ OCH_2 \end{matrix} \right] + H^+ + 3H_2O$$

最重要的硼酸盐是四硼酸钠（$Na_2B_4O_7 \cdot 10H_2O$），俗称硼砂。四硼酸也是弱酸，硼砂水溶液因水解而呈碱性：

$$B_4O_7^{2-} + 2H_2O \rightleftharpoons H_2B_4O_7 + 2OH^-$$

四、实验内容

1. 铵盐的鉴定

（1）气室法

在一块表面皿中心贴一条湿润的 pH 试纸，在另一块表面皿中间加 3~4 滴铵盐溶液及 $2\ mol \cdot L^{-1}$ NaOH 溶液 2 滴，混合均匀后，将贴试纸的表面皿盖在盛有试液的表面皿上，做成"气室"。将此"气室"放在水浴上加热。观察试纸颜色变化，记录现象。

（2）奈斯勒试剂鉴定法

在点滴板上滴 1~2 滴铵盐溶液，再加 3 滴奈斯勒试剂，观察并记录现象，写出反应方程式。

2. 浓硝酸和稀硝酸的氧化性

（1）在 2 支干燥试管中，各加入少许硫黄粉，再分别加入 10 滴浓硝酸和 $2\ mol \cdot L^{-1}$ HNO_3，加热煮沸（在通风橱内加热），静置一会儿，分别加 $0.1\ mol \cdot L^{-1}$ $BaCl_2$ 溶液 5 滴，振荡试管，观察并记录现象，作出结论，写出反应方程式。

（2）在分别盛有少许锌粉、铜粉的试管中，分别加入 $2\ mol \cdot L^{-1}$ HNO_3 1 mL，观察现象并写出相应的反应方程式。

（3）将实验（2）中 2 mol·L⁻¹ HNO₃ 改为浓 HNO₃，重复上述实验，对比观察现象，并写出相应的反应方程式。

3．自行设计实验，证实 NaNO₂ 的氧化性和还原性

要求：（1）参考标准电极电势表，选出常见的氧化剂和还原剂各 1～2 种，写出 NaNO₂ 做氧化剂或还原剂时与所选物质反应的实验步骤。

（2）记录现象，作出结论并写出反应方程式。

提示：亚硝酸盐的酸性溶液可视为 HNO₂ 溶液。

4．NO_3^-、NO_2^-、CO_3^{2-}、PO_4^{3-} 的鉴定

（1）NO_3^- 的鉴定

向试管中加入 0.1 mol·L⁻¹ KNO₃ 溶液 1 mL、1～2 小粒 FeSO₄ 晶体，振荡溶解后，将试管斜持，沿试管壁慢慢加浓 H₂SO₄ 4～5 滴（切勿摇动试管，浓 H₂SO₄ 密度大，在溶液下层），观察两液层交界处有棕色环生成，证明有 NO_3^- 存在。写出反应方程式。

（2）NO_2^- 的鉴定

试管中加入 0.1 mol·L⁻¹ KNO₂ 溶液 1 mL，加入 2 mol·L⁻¹ HAc 3～5 滴酸化，再加入几小粒 FeSO₄ 晶体，如有棕色出现，证明有 NO_2^- 存在。写出反应方程式。

（3）CO_3^{2-} 的鉴定

试管中加入 1 mol·L⁻¹ Na₂CO₃ 溶液 1 mL，滴加 2 mol·L⁻¹ HCl 溶液，观察有何现象产生。将蘸有饱和石灰水的玻璃棒垂直置于试管中，观察有何现象。若石灰水变浑浊，证明有 CO_3^{2-} 存在。写出反应方程式。

（4）PO_4^{3-} 的鉴定

试管中加入 0.1 mol·L⁻¹ Na₃PO₄ 的溶液 1 mL，再加入 0.5 mL 钼酸铵试剂，剧烈振荡试管或微热至 40～50 ℃，如有黄色出现，证明有 PO_4^{3-} 存在。写出反应方程式。

5．活性炭的吸附作用

（1）活性炭对溶液中有色物质的脱色作用

试管中加入 2 mL 靛蓝溶液，再加入少量活性炭，振荡试管，然后用普通漏斗过滤，滤液盛接在另一试管中，观察颜色有何变化。试解释之。

（2）活性炭对汞、铅盐的吸附作用

① 向试管 I 中加入 2 mL 0.001 mol·L⁻¹ Hg(NO₃)₂ 溶液，然后加入 0.02 mol·L⁻¹ KI 溶液 2～3 滴，观察现象。

在另一试管 II 中加入 2 mL 0.001 mol·L⁻¹ Hg(NO₃)₂ 溶液，然后加入少量活性炭，振荡试管，过滤。在滤液中加入几滴 0.02 mol·L⁻¹ KI 溶液，观察现象，对比试管 I 中的现象，并解释之。

② 用 Pb(NO₃)₂ 进行类似①的实验，并以 0.1 mol·L⁻¹ K₂CrO₄ 代替 KI 进行 Pb²⁺ 的检验。写出相应的反应方程式，并得出结论。

6. 碳、硅、硼含氧酸盐的水解

（1）用 pH 试纸测定表 2-18 中溶液的 pH 值，并与计算值对照。

表 2-18 盐溶液的 pH 值

溶液	NaHCO₃	Na₂CO₃	Na₂SiO₃	Na₂B₄O₇
pH 实验值				
pH 计算值				

（2）在 4 支试管中分别加入 NaHCO₃、Na₂CO₃、Na₂SiO₃ 和 Na₂B₄O₇ 溶液 1 mL，再各加入 0.1 mol·L⁻¹NH₄Cl 溶液 1 mL，稍加热后，用 pH 试纸检查哪些试管中有氨气逸出。解释现象，写出反应方程式。

7. 硅酸凝胶的生成

（1）取 1 支试管，加入 3 mL Na₂SiO₃ 溶液，再通入 CO₂ 气体，观察现象并写出反应方程式。

（2）取 1 支试管，加入 3 mL Na₂SiO₃ 溶液，滴加 2 mol·L⁻¹ 的 HCl 溶液，观察现象并写出反应方程式。

（3）硅酸钠和氯化铵作用：用 0.1 mol·L⁻¹NH₄Cl 溶液代替 HCl，进行与（2）同样的实验，观察现象，并写出反应方程式。

8. 硼酸的制备和性质

（1）取 1 g 硼砂晶体于试管中，加入蒸馏水 5 mL，加热使之溶解。稍冷却后，加入 2 mL 浓 HCl。继续冷却，观察结晶的析出，抽滤。晶体用少量水洗涤，将残存的 HCl 洗净，该晶体则为硼酸。写出反应的化学方程式。

（2）取（1）中制备的少量 H₃BO₃ 晶体，加入少量水，加热溶解，即得硼酸溶液，用 pH 试纸测其 pH 值。然后向该溶液中滴入几滴甘油，摇匀再测溶液的 pH 值。解释其酸度变化的原因。

9. 鉴别氮、磷碳、硅的含氧酸盐

自行设计，用最简单的方法鉴别下列各固体物质：NaNO₃、Na₃PO₄、Na₂CO₃、

$NaHCO_3$、Na_2SiO_3

要求：

（1）预习并写好鉴别各物质的实验步骤。

（2）实验时记录各物质的物理性状，如物质的外观形貌、颜色以及是否溶于水等。

（3）根据实验现象作出结论。写出有关反应方程式。

提示：

① 各取上述五种物质少量，分别置于 5 支试管，制成溶液，备用。

② 先检验 Na_2SiO_3。

③ 再用盐酸检验 CO_3^{2-} 的存在，并以澄清石灰水区别两者并复核。

④ 以 Ca^{2+} 检验 PO_4^{3-} 的存在，并以钼酸铵试剂复核。

⑤ 最后一种物质通过棕色环实验确证为硝酸盐。

五、思考题

（1）如何计算实验中 Na_2CO_3 溶液的 pH 值？

（2）怎样利用电极电势表选择适当的氧化剂和还原剂，以证明可溶亚硝酸盐既具有氧化又具有还原性？

（3）$NaHCO_3$ 和 Na_2CO_3 溶液加 HCl 溶液都可产生 CO_2 气体，为什么在 $NaHCO_3$ 溶液中加入澄清石灰水没有白色沉淀生成？

（4）化学反应需要酸性介质条件时，为什么不用硝酸？

实验十三　铜、银和汞

一、实验目的

（1）掌握铜、银、汞的某些化合物的生成和性质。

（2）掌握铜、银、汞的氢氧化物的生成、稳定性和酸碱性。

（3）应用所学实验方法，对 Cu^{2+}、Ag^+、Hg^{2+} 混合离子进行分离和鉴定。

二、实验用品

仪器：离心机、点滴板。

药品：铜屑，H_2SO_4（$1\ mol \cdot L^{-1}$）、HNO_3（$2\ mol \cdot L^{-1}$）、HCl（浓），NaOH（$2\ mol \cdot L^{-1}$、$6\ mol \cdot L^{-1}$）、$NH_3 \cdot H_2O$（$2\ mol \cdot L^{-1}$、$6\ mol \cdot L^{-1}$），$CuCl_2$（$1\ mol \cdot L^{-1}$）、

$AgNO_3$（0.1 $mol \cdot L^{-1}$、1 $mol \cdot L^{-1}$）、KI（0.1 $mol \cdot L^{-1}$、2 $mol \cdot L^{-1}$）、葡萄糖溶液（质量分数为 20%）、淀粉溶液、CCl_4，0.1 $mol \cdot L^{-1}$ 下列溶液：$CuSO_4$、$Hg(NO_3)_2$、$Hg_2(NO_3)_2$、$HgCl_2$、$Na_2S_2O_3$、$NaCl$、$K_4[Fe(CN)_6]$、$SnCl_2$、KBr。

三、实验原理

1. 铜、银、汞氢氧化物的生成与性质

Cu^{2+}、Ag^+、Hg^{2+} 的氢氧化物的制备，均以相应盐与碱作用，生成相应的氢氧化物。

$Cu(OH)_2$ 为浅蓝色无定形沉淀，具有两性，但以碱性为主，能溶于酸和强碱，其热稳定性较差，稍受热即脱水生成 CuO。

$AgOH$ 为白色沉淀，呈碱性。很不稳定，常温下就会分解成暗棕色的 Ag_2O。

$Hg(OH)_2$ 极不稳定，当向 Hg^{2+} 盐中加入碱时，直接得到黄色的 HgO。

2. 铜、银、汞的配合物

氨水可与 Cu^{2+}、Ag^+ 配合，生成相应的配离子：

$$Cu^{2+} + 4NH_3 \rightleftharpoons [Cu(NH_3)_4]^{2+} \quad （深蓝色）$$

$$Ag^+ + 2NH_3 \rightleftharpoons [Ag(NH_3)_2]^+ \quad （无色）$$

Ag^+ 与 Cl^- 作用生成白色的 $AgCl$ 沉淀，此沉淀溶于过量氨水而生成 $[Ag(NH_3)_2]^+$ 配离子，在此溶液中加入 KI，又能析出淡黄色 AgI 沉淀，由此可以鉴定 Ag^+ 的存在。

Cu^{2+} 能与 $K_4[Fe(CN)_6]$ 作用生成红棕色的 $Cu_2[Fe(CN)_6]$ 沉淀。利用此反应可鉴别 Cu^{2+} 的存在。

Hg^{2+} 和氨水作用不生成氨配合物，而生成氨基化合物。当有大量铵盐存在时，Hg^{2+} 才能与过量氨水反应生成氨配合物 $[Hg(NH_3)_4]^{2+}$：

$$HgCl_2 + 2NH_3 \longrightarrow HgNH_2Cl\downarrow （白） + NH_4Cl$$

$$2Hg(NO_3)_2 + 4NH_3 + H_2O \longrightarrow HgO \cdot HgNH_2NO_3\downarrow + 3NH_4NO_3$$

$$2HgO \cdot HgNH_2NO_3 + 14NH_3 + 4H_2O \xrightarrow{NH_4NO_3} 3[Hg(NH_3)_4](OH)_2 + [Hg(NH_3)_4](NO_3)_2$$

Hg^{2+} 与适量 KI 作用生成红色 HgI_2，HgI_2 能与过量的 KI 作用生成配合物而溶解：

$$Hg^{2+} + 2I^- \longrightarrow HgI_2\downarrow （红色）$$

$$HgI_2 + 2KI \longrightarrow K_2[HgI_4] （无色）$$

3. 铜、银、汞化合物的氧化还原性

铜、汞的元素电势图如图 2-15 所示。

$$E_A^{\ominus}/V \quad Cu^{2+} \xrightarrow{\ 0.159\ } Cu^+ \xrightarrow{\ 0.520\ } Cu$$
$$\underset{0.340}{\underline{\qquad\qquad\qquad\qquad\qquad}}$$

（a）

$$E_A^{\ominus}/V \quad Hg^{2+} \xrightarrow{\ 0.920\ } Hg_2^{2+} \xrightarrow{\ 0.793\ } Hg$$
$$\underset{0.875}{\underline{\qquad\qquad\qquad\qquad\qquad}}$$

（b）

图 2-15　铜、汞的电势图

$E_{Cu^{2+}/Cu^+}^{\ominus} = 0.159$ V，表明 Cu^{2+} 具有一定的氧化性，如它可与 I^- 反应，生成 CuI 沉淀：

$$2Cu^{2+} + 4I^- \longrightarrow 2CuI\downarrow + I_2$$

CuI 能溶于过量 KI 中，生成$[CuI_2]^-$配离子，$[CuI_2]^-$在稀释时又重新沉淀为 CuI。

$CuCl_2$溶液和铜屑混合，加入浓 HCl，加热至沸腾可得到黄色配离子$[CuCl_2]^-$溶液。将这种溶液稀释，可得到白色 CuCl 沉淀：

$$Cu^{2+} + Cu + 4Cl^- \longrightarrow 2[CuCl_2]^-$$

$$[CuCl_2]^- \xrightarrow{\text{稀释}} CuCl\downarrow + Cl^-$$

$E_{Ag^+/Ag}^{\ominus} = 0.799$ V，表明 Ag^+ 具有稍强的氧化能力。银镜反应即是氧化反应：

$$2[Ag(NH_3)_2]^+ + HCHO + 2OH^- \xrightarrow{\triangle} HCOONH_4 + 2Ag\downarrow + H_2O + 3NH_3$$

Hg_2^{2+} 与氨水作用发生歧化反应：

$$2Hg_2(NO_3)_2 + 4NH_3 + H_2O \longrightarrow HgO\cdot HgNH_2NO_3\downarrow + 2Hg\downarrow + 3NH_4NO_3$$

Hg_2^{2+} 与适量 KI 作用生成黄绿色 Hg_2I_2，当与过量 KI 作用时，则会发生歧化反应和配合作用：

$$Hg_2^{2+} + 2KI \longrightarrow Hg_2I_2 + 2K^+$$

$$Hg_2I_2 + 2I^- \longrightarrow [HgI_4]^{2-} + Hg\downarrow$$

Hg^{2+} 和 $SnCl_2$ 作用，生成具有丝光状的白色 Hg_2Cl_2 沉淀，如 $SnCl_2$ 过量，Hg_2Cl_2 会继续被还原为黑色的 Hg。

四、实验内容

1. 铜、银、汞氢氧化物的生成和性质

自行设计实验,检验 Cu(Ⅱ)、Ag(Ⅰ)、Hg(Ⅱ)的氢氧化物的酸碱性和稳定性。
要求:

(1)写好实验操作步骤。

(2)观察、记录现象,作出结论并写出相应的反应方程式。

提示:注意在盐溶液中加入 1～2 滴 NaOH 溶液时的现象。

2. 铜、银、汞的配合物的生成

(1)铜、银、汞的盐类与氨水的反应

分别取 0.1 mol·L^{-1} CuSO₄ 溶液、AgNO₃ 溶液、HgCl₂ 溶液、Hg(NO₃)₂ 溶液各 3～5 滴,分置于 4 支试管中。再分别滴入 2 mol·L^{-1} 氨水,观察现象。分别继续加入过量的氨水,再观察现象,写出反应方程式。

根据以上实验,比较铜、银、汞的盐类和氨水反应有何异同。

(2)铜、银、汞的其他配合物

取 1 mol·L^{-1} CuCl₂ 溶液 10 滴,逐滴加入浓 HCl,观察现象,解释并写出反应方程式。

取 0.1 mol·L^{-1} AgNO₃ 溶液 5 滴,滴加 0.1 mol·L^{-1} KBr 溶液至沉淀不再生成。离心分离,在沉淀上滴加 0.1 mol·L^{-1} Na₂S₂O₃ 溶液。观察现象,解释并写出反应方程式。

取 0.1 mol·L^{-1} Hg₂(NO₃)₂ 溶液 5 滴,逐滴加入适量 0.1 mol·L^{-1} KI 溶液,观察现象。继续加入过量 KI 溶液,观察现象,解释并写出反应方程式。

3. Cu^{2+}、Ag$^+$、Hg(Ⅱ)、Hg(Ⅰ)的氧化性

(1)Cu^{2+}的氧化性

取 0.1 mol·L^{-1} CuSO₄ 溶液 10 滴,加入适量 0.1 mol·L^{-1} KI 溶液。振荡试管,离心分离,观察溶液颜色,并将溶液分成两份。一份滴加淀粉溶液 1～2 滴,观察现象;另一份加入 CCl₄ 6～8 滴,振荡试管,观察现象。将上述沉淀洗涤 1～2 次,观察颜色。取少量的沉淀,逐滴加入 2 mol·L^{-1} KI 溶液,观察沉淀是否溶解。所得溶液加水稀释 3～4 倍,观察是否又有沉淀析出。解释之并写出有关反应方程式。

取 1 mol·L^{-1} CuCl₂ 10 滴,加入铜屑,逐滴加入浓 HCl,加热至沸,观察现象。将溶液稀释,观察有无沉淀产生。解释并写出反应方程式。

（2）Ag^+ 的氧化性

取 1 支洁净的试管，加入 1 $mol \cdot L^{-1}$ $AgNO_3$ 溶液 3~5 滴，逐滴加入 2 $mol \cdot L^{-1}$ 氨水至生成的沉淀完全溶解。然后滴加 20% 葡萄糖溶液 3~4 滴，摇匀后放入水浴中加热，2~3 min 后观察试管内壁上有何现象产生。写出反应方程式。

（3）$Hg(Ⅱ)$、$Hg(Ⅰ)$ 的氧化性

取 0.1 $mol \cdot L^{-1}$ $HgCl_2$ 溶液 3~5 滴，逐滴加入适量 0.1 $mol \cdot L^{-1}$ $SnCl_2$ 溶液，观察现象。继续加入过量 $SnCl_2$ 溶液，观察现象，解释并写出反应方程式。

4. Cu^{2+}、Ag^+、Hg^{2+} 的鉴定

（1）Cu^{2+} 的鉴定

在点滴板上滴入 0.1 $mol \cdot L^{-1}$ $CuSO_4$ 溶液 1~2 滴，再滴加 0.1 $mol \cdot L^{-1}$ $K_4[Fe(CN)_6]$ 溶液 1~2 滴，用玻璃棒搅匀，有红棕色沉淀产生，表示有 Cu^{2+} 存在。

（2）Ag^+ 的鉴定

在离心试管中加入 0.1 $mol \cdot L^{-1}$ $AgNO_3$ 溶液 5 滴，再滴加 0.1 $mol \cdot L^{-1}$ NaCl 溶液 6~7 滴，振荡试管，离心分离。在沉淀上滴加 2 $mol \cdot L^{-1}$ 氨水至其完全溶解，所得澄清溶液中加入 0.1 $mol \cdot L^{-1}$ KI 溶液 1~2 滴，有淡黄色沉淀析出，表示有 Ag^+ 存在。

（3）Hg^{2+} 的鉴定

见本实验 3 中（3）的内容。

5. Cu^{2+}，Ag^+，Hg^{2+} 混合离子的分离

自行设计实验，分离 Cu^{2+}、Ag^+、Hg^{2+} 混合离子。

要求：

（1）写出分离、鉴定方案和具体操作步骤。

（2）保留鉴定结果，以备检查。

五、实验前应思考的问题

（1）在溶液中 Cu^{2+} 为何比 Cu^+ 稳定？在固态化合物中是否也是如此？

（2）根据相关电极电势，说明 Cu^{2+} 为什么能氧化 I^- 并生成 CuI。

（3）Cu^{2+}、Ag^+、Hg^{2+} 与 KI 溶液反应的类型是否相同？

任务四　制备性实验

实验十四　氯化钠的提纯

一、实验目的

（1）学会用化学方法提纯 NaCl 的原理和方法。

（2）复习巩固溶解、减压过滤、蒸发、结晶、干燥等基本操作。

（3）了解 Ca^{2+}、Mg^{2+}、SO_4^{2-} 等常见离子的鉴定方法。

（4）了解中间控制检验和 NaCl 纯度检验的方法。

二、实验用品

仪器：烧杯、玻璃棒、量筒、抽滤瓶、蒸发皿、试管、广泛 pH 试纸、滤纸、布氏漏斗、普通玻璃漏斗、台秤、电炉、电子天平、恒温烘箱、循环水真空泵。

试剂：HCl（12 mol·L^{-1}、2 mol·L^{-1}）、NaOH（1 mol·L^{-1}、2 mol·L^{-1}）、$BaCl_2$（1 mol·L^{-1}）、Na_2CO_3（1 mol·L^{-1}）、$(NH_4)_2C_2O_4$（0.5 mol·L^{-1}）、粗食盐（s）、镁试剂。

三、实验原理

1. 杂质的去除

粗食盐中通常含有不溶性杂质（如泥沙等）和可溶性杂质（如 SO_4^{2-}、Fe^{3+}、Ca^{2+}、Mg^{2+}、K^+）。不溶性杂质可通过先溶解再过滤除去，可溶性杂质可通过先将其转化成难溶物再过滤除去。

在粗食盐溶液中，加入稍过量的 $BaCl_2$ 溶液，可将 SO_4^{2-} 转化为难溶的 $BaSO_4$ 沉淀。离子反应方程式为

$$Ba^{2+} + SO_4^{2-} = BaSO_4\downarrow$$

由于 $BaSO_4$ 不易形成晶形沉淀，所以在缓慢滴加 $BaCl_2$ 稀溶液的同时，要加热氯化钠溶液并不断搅拌，沉淀生成后，继续加热并放置一段时间，进行陈化，以利于晶体的生成和长大。

将溶液过滤，除去 $BaSO_4$ 沉淀，再加入 NaOH 和 Na_2CO_3 溶液，发生以下反应：

$$Mg^{2+} + 2OH^- = Mg(OH)_2\downarrow$$

$$Ca^{2+} + CO_3^{2-} \Longrightarrow CaCO_3\downarrow$$

$$Ba^{2+} + CO_3^{2-} \Longrightarrow BaCO_3\downarrow$$

沉淀 SO_4^{2-} 时加入的过量 Ba^{2+}，以及食盐溶液中杂质 Ca^{2+}、Mg^{2+} 便转化为相应的沉淀，可通过过滤的方法除去。过量的 NaOH 和 Na_2CO_3 可通过滴加盐酸除去。

对于很少量的可溶性杂质（如 KCl），由于含量很少，在后续的蒸发、浓缩、结晶过程中，绝大部分会留在母液中，不会和 NaCl 同时结晶出来。

生产中，在物质提纯时，为了检验某种杂质是否除尽，常取少量样液，在其中加入适当的试剂，从反应现象判断相应的杂质是否除尽，这种方法称为"中间控制检验"，而对产品纯度和含量的测定，称为"成品检验"。

2. NaCl 提纯流程

NaCl 提纯流程如图 2-16 所示

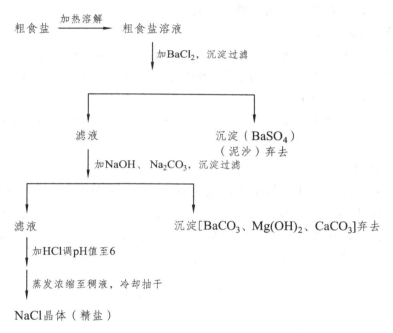

图 2-16　NaCl 提纯流程

四、实验内容

1. 粗食盐的提纯

（1）溶解粗食盐

在电子天平上，称取 4.9000 ～ 5.1000 g 研细的粗食盐，放入小烧杯中，加入 20 mL 蒸馏水，用玻璃棒搅拌，并加热使其溶解。

（2）除去 SO_4^{2-}

加热溶液至沸腾，在搅动下逐滴加入稍过量的 $1\ mol\cdot L^{-1}$ $BaCl_2$ 溶液至沉淀完全（约 2 mL），继续加热 5 min 后陈化 20 min，以便使 $BaSO_4$ 颗粒长大而易于沉淀和过滤。

（3）检查 SO_4^{2-} 是否除尽

为了检验沉淀是否完全，可取上层清液少许，加入 1～2 滴 $BaCl_2$ 溶液，观察澄清液中是否有浑浊现象。若无浑浊现象，说明 SO_4^{2-} 已完全沉淀，若仍有浑浊现象，则需继续滴加 $BaCl_2$ 溶液，直至沉淀完全。继续加热至沸腾，放置一段时间后用普通漏斗过滤，滤液置于干净烧杯中。

（4）除去 Mg^{2+}、Ca^{2+}、Ba^{2+} 等阳离子

在滤液中加入 1 mL $2\ mol\cdot L^{-1}$ $NaOH$ 溶液和 3 mL $1\ mol\cdot L^{-1}$ Na_2CO_3 溶液，加热至沸腾，待沉淀沉降后，在上层清液中滴加 $1\ mol\cdot L^{-1}$ Na_2CO_3 溶液至不再产生沉淀为止，静置片刻，用普通漏斗过滤。

（5）检查 Ba^{2+} 是否除尽

在上层清液中，加几滴饱和 Na_2CO_3 溶液，如果出现浑浊，表示 Ba^{2+} 未除尽，需在原溶液中继续加 Na_2CO_3 溶液直至 Ba^{2+} 除尽为止。抽滤，弃去沉淀。

（6）除去过量的 CO_3^{2-}

在滤液中逐滴加入 $2\ mol\cdot L^{-1}$ 的 HCl 溶液，加热搅拌，直至滤液呈微酸性（pH = 3～4，用 pH 试纸检查）。

（7）浓缩与结晶

将滤液置于蒸发皿中，用小火加热蒸发，浓缩至稀糊状，切不可将溶液蒸发至干（注意防止蒸发皿破裂）。冷却，用布氏漏斗减压抽滤、吸干，并用少许蒸馏水洗涤两次，每次都需抽干。将结晶置于干净的蒸发皿中，在石棉网上用小火加热烘干。冷却后称量氯化钠晶体（精盐）的质量，并计算产率。

$$产率 = \frac{NaCl质量}{粗食盐质量} \times 100\%$$

2．产品纯度的检验

取产品和原料各 1 g，分别用 5 mL 蒸馏水加热溶解，然后各装于 3 支试管中，组成 3 个对照组：

（1）SO_4^{2-} 的检验：在第一组溶液中，各加入 2 滴 $1\ mol\cdot L^{-1}$ $BaCl_2$ 溶液，观察溶液中有无沉淀产生，若有白色沉淀，证明有 SO_4^{2-} 存在。

（2）Ca^{2+} 的检验：在第二组溶液中，各加入 2 滴 $0.5\ mol\cdot L^{-1}$ $(NH_4)_2C_2O_4$ 溶液，观察溶液中有无沉淀产生，若有白色沉淀生成，证明有 Ca^{2+} 存在。

（3）Mg^{2+}的检验：在第三组溶液中，各加入 2～3 滴 1 mol·L^{-1} NaOH 溶液，使溶液呈弱碱性（用 pH 试纸试验），再各加入 2～3 滴镁试剂，观察是否产生天蓝色沉淀，若是，证明有 Mg^{2+} 存在。

注：镁试剂是一种有机染料，它在酸性溶液中呈黄色，在碱性溶液中呈红色或紫色，但被 $Mg(OH)_2$ 沉淀吸附后，则呈天蓝色，因此可以用来检验 Mg^{2+} 的存在。

五、注意事项

蒸发结晶注意事项：

（1）倒入蒸发皿中的溶液量不能超过其容量的 2/3，溶液过多时可分批添加。

（2）边加热蒸发边搅拌，防止液体飞溅。开始可用大火，后可垫上石棉网小火加热。

（3）食盐溶液浓缩时切不可蒸干。

（4）残存在蒸发皿上的晶体不能用水冲洗后倒入漏斗，因为 NaCl 易溶，且蒸发皿可耐高温，但不宜骤冷，遇冷水可能会炸裂。

六、思考题

（1）在除去 SO_4^{2-}、Ca^{2+} 和 Mg^{2+} 时，为什么要先加 $BaCl_2$ 溶液，然后再加 Na_2CO_3 溶液？

（2）用盐酸调节滤液 pH 值时，为何要调节至弱酸性？

（3）提纯后的食盐溶液浓缩时为什么不能蒸干？

实验十五　硫酸铜晶体的制备

一、实验目的

（1）了解由不活泼金属与酸作用制备盐的方法。

（2）学会重结晶法提纯 $CuSO_4$ 晶体的方法及操作。

（3）掌握水浴加热、溶解与结晶、减压过滤、蒸发与浓缩等基本操作。

（4）巩固托盘天平、量筒、pH 试纸的使用等基本操作。

二、实验用品

仪器：锥形瓶、酒精灯、布氏漏斗、抽滤瓶、蒸发皿、三脚架、石棉网、表面皿、台秤、烧杯、滤纸、量筒、pH 试纸。

试剂：Cu 屑、10% Na_2CO_3 溶液、6 mol·L^{-1} H_2SO_4、30%H_2O_2、无水乙醇。

三、实验原理

$CuSO_4$ 的制备有如下三个方案：

方案 1： $$Cu + 2HNO_3 + H_2SO_4 \Longrightarrow CuSO_4 + 2NO_2\uparrow + 2H_2O$$

方案 2： $$Cu + O_2 \Longrightarrow 2CuO（黑色）$$

$$CuO + H_2SO_4 \Longrightarrow CuSO_4 + H_2O$$

方案 3： $$Cu + H_2O_2 + H_2SO_4 \Longrightarrow CuSO_4 + 2H_2O$$

本实验采用方案 3，因为此法污染小，获得的 $CuSO_4$ 纯度高。

重结晶法提纯：由于废铜屑不纯，所得 $CuSO_4$ 溶液中常含有一些不溶性杂质或可溶性杂质，不溶性杂质可过滤除去，可溶性杂质常用化学方法除去。

由于 $CuSO_4 \cdot 5H_2O$ 在水中的溶解度随温度升高而明显增大，因此，$CuSO_4$ 粗产品中的杂质可通过重结晶法提纯，使杂质留在母液中，从而得到纯度较高的 $CuSO_4$ 晶体。

四、实验内容

1. 废 Cu 屑预处理

称取 4.0 g Cu 屑，置于 150 mL 锥形瓶中，加入 10% Na_2CO_3 溶液 20 mL，加热煮沸，除去表面油污，用倾析法除去碱液，再用水洗净。

2. $CuSO_4 \cdot 5H_2O$ 粗产品的制备

加入 6 mol·L^{-1} H_2SO_4 溶液 20 mL，缓慢滴加 30% H_2O_2 6~8 mL，水浴加热（反应温度保持在 40~50 ℃）。反应完全后（若有过量 Cu 屑，补加稀 H_2SO_4 溶液和 H_2O_2 溶液），加热煮沸 2 min。趁热抽滤（弃去不溶性杂质），将溶液转移到蒸发皿中，调 pH 值为 1~2，水浴加热浓缩至表面有晶膜出现。取下蒸发皿，冷却至室温，抽滤，即得到 $CuSO_4 \cdot 5H_2O$ 粗产品，吸干或晾干。称量并计算产率（回收母液）。

3. 重结晶法提纯 $CuSO_4 \cdot 5H_2O$

按粗产品与水质量比为 1：1.2，加少量稀 H_2SO_4 溶液，调 pH 值为 1~2，加热使其全部溶解。趁热过滤（若无可溶性杂质，可不过滤），滤液自然冷却至室温（若无晶体析出，水浴加热浓缩至表面出现晶膜），抽滤。用少量无水乙醇洗涤产品，抽滤。将产品转移至干净的表面皿上，用吸水纸吸干，称量，计算回收率（回收母液）。

五、注意事项

（1）H_2O_2 应缓慢分次滴加。

（2）趁热过滤时，应先洗净过滤装置并预热，同时应将滤纸准备好，待抽滤时再润湿。

（3）水浴加热浓缩至表面有晶膜出现即可，不可将溶液蒸干。

（4）浓缩液应自然冷却至室温。

（5）重结晶时，调 pH 值为 1~2，加入水的量不能太多。

（6）应回收产品和母液。

六、思考题

（1）蒸发时为什么要将溶液的 pH 值调至 1~2？

（2）在制备和提纯 $CuSO_4 \cdot 5H_2O$，加热浓缩溶液时，是否可将溶液蒸干？为什么？

（3）如果不用水浴加热，直接加热蒸发，是否能得到纯净的 $CuSO_4 \cdot 5H_2O$？

实验十六　硝酸钾的制备和提纯

一、实验目的

（1）了解利用各种易溶盐在不同温度时溶解度的差异来制备易溶盐的原理和方法。

（2）掌握蒸发、结晶、过滤等基本操作。

（3）学会溶解、减压抽滤操作，练习用重结晶法提纯物质。

二、实验用品

仪器：台秤、烧杯（100 mL、240 mL）、温度计（200 ℃）、布氏漏斗、抽滤瓶、量筒、石棉网、电炉、滤纸、烘箱。

试剂：KCl（s）、$NaNO_3$（s）、0.1 mol·L^{-1} AgNO$_3$溶液。

三、实验原理

硝酸钾为无色或白色晶体，易溶于水，不溶于乙醇，在空气中不易潮解，为强氧化剂，与有机物接触能燃烧、爆炸。它是制造引火线、烟花等的原料。

硝酸钾生产工艺主要有天然硝矿提取法、复分解循环法、离子交换法、低温萃取技术、转化法等，其中复分解循环法被我国生产厂家广泛使用，而实验室通常采用转化法制备硝酸钾，其反应如下：

$$NaNO_3 + KCl \rightleftharpoons NaCl + KNO_3$$

该反应可逆，可以通过改变反应条件使平衡向右移动。

由表 2-19 数据可以看出，反应体系中 4 种盐的溶解度在不同温度下的差别非常大，氯化钠的溶解度随温度变化不大，而硝酸钾的溶解度随温度的升高迅速增大。因此，将一定量的固体硝酸钠和氯化钾在较高温度下溶解后再加热浓缩，由于氯化钠的溶解度增加很少，随着浓缩的进行，溶剂水的量不断减少，氯化钠晶体首先析出。而硝酸钾的溶解度增加很多，在溶液中达不到饱和，所以不析出。趁热减压抽滤，可除去氯化钠晶体。

表 2-19　KNO$_3$、KCl、NaNO$_3$、NaCl 在不同温度下的溶解度

g/100 g H$_2$O

温度/ °C	0	10	20	30	40	60	80	100
KNO$_3$	13.3	20.9	31.6	45.8	63.9	110.0	169	246
KCl	27.6	31.0	34.0	37.0	40.0	45.5	51.1	56.7
NaNO$_3$	73	80	88	96	104	124	148	180
NaCl	35.7	35.8	36.0	36.3	36.6	37.3	38.4	39.8

将滤液冷却至室温，硝酸钾因溶解度急剧下降而析出，过滤后可得含少量氯化钠等杂质的硝酸钾晶体，再经过重结晶提纯，可得到硝酸钾纯品。

产品纯度的检验：硝酸钾产品中的杂质氯化钠可利用 Cl$^-$ 和 Ag$^+$ 生成 AgCl 白色沉淀来检验。

四、实验内容

1. 硝酸钾的制备

（1）用台秤称取 10.0 g NaNO$_3$ 固体和 8.5 g KCl 固体，放入 100 mL 烧杯中，加入 20 mL 蒸馏水，置于放有石棉网的电炉上加热，并不断搅拌，至烧杯内固体全部溶解，记下此时烧杯中液面的位置。当溶液沸腾时，用温度计测量溶液的温度，并记录。

（2）继续加热溶液并不断搅拌，至溶液体积减小为原体积的 2/3 时，已有 NaCl 晶体析出，趁热快速减压抽滤（布氏漏斗在沸水或烘箱中预热）。

（3）将滤液移至烧杯中，并用 5 mL 热蒸馏水分数次洗涤吸滤瓶，洗液转入盛滤液的烧杯中，记下此时烧杯中液面的位置。加热至滤液体积减小为原体积的 3/4 时，冷却至室温，观察晶体状态。减压抽滤将硝酸钾晶体尽量抽干，得到硝酸钾粗品，称量，计算产率。

2. 硝酸钾的重结晶提纯

留下绿豆大小的晶体供纯度检验，其余的按粗产品与水的质量比 2：1 将粗产品溶于蒸馏水中，加热、搅拌，待晶体全部溶解后停止加热。待冷却至室温后减压抽滤，即得到纯度较高的硝酸钾晶体，称量，计算回收率。

3. 产品纯度检验

分别取绿豆粒大小的粗产品和一次重结晶得到的产品，放入两支小试管中，各加入 2 mL 蒸馏水配成溶液；在溶液中分别滴加 0.1 mol·L^{-1} AgNO$_3$ 溶液 2 滴，对比观察现象。重结晶后的产品溶液应为澄清，否则说明产品溶液中还含有 Cl$^-$，应再次重结晶。

五、注意事项

（1）硝酸钾的重结晶提纯过程中要注意控制好温度，充分利用溶解度随温度变化的差异将杂质分离开。

（2）趁热过滤时应先将布氏漏斗在沸水中或烘箱中预热，然后快速过滤。

六、思考题

（1）产品的主要杂质是什么？
（2）能否将除去氯化钠后的滤液直接冷却制取硝酸钾？
（3）实验中为何要趁热过滤除去 NaCl 晶体？
（4）溶液沸腾后为什么温度高达 100 ℃ 以上？

实验十七　硫酸亚铁铵的制备

一、实验目的

（1）了解复盐硫酸亚铁铵的一般特性，掌握制备复盐硫酸亚铁铵的方法。

（2）掌握无机化合物制备的基本操作：水浴加热、蒸发、浓缩、结晶、减压过滤等。

（3）学会硫酸亚铁铵的制备方法，练习用目测比色法检验产品的质量等级。

二、实验用品

仪器：锥形瓶、烧杯、蒸发皿、抽滤瓶、布氏漏斗、比色管（25 mL）、台秤、电炉、电子天平、恒温烘箱、循环水真空泵、恒温水浴锅、广泛 pH 试纸、定性滤纸。实验装置如图 2-17 所示。

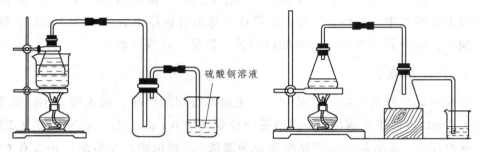

图 2-17　硫酸亚铁铵的制备装置

试剂：Fe 屑、除氧蒸馏水、10% Na_2CO_3、3 mol·L^{-1} H_2SO_4、25% KSCN、0.0100 mol·L^{-1} $FeCl_3$、2 mol·L^{-1} HCl、95%乙醇。

三、实验原理

硫酸亚铁铵$(NH_4)_2SO_4·FeSO_4·6H_2O$，俗称莫尔盐，为浅绿色透明晶体，易溶于水，在空气中比一般的亚铁盐稳定。常用于配制 Fe^{2+} 标准溶液，在定量分析中用于标定 $K_2Cr_2O_7$、$KMnO_4$ 等溶液。与其他复盐一样，硫酸亚铁铵在水中的溶解度比组成它的每一组分$(NH_4)_2SO_4$ 或 $FeSO_4$ 都要小，3 种盐的溶解度见表 2-20。利用这一特点，可通过将一定比例的$(NH_4)_2SO_4$ 和 $FeSO_4$ 溶于水制成浓混合溶液，蒸发浓缩此混合液制取它的晶体。具体方法如下：

表 2-20　三种盐的溶解度

g/100 g H_2O

温度/°C	$(NH_4)_2SO_4$	$FeSO_4$	$(NH_4)_2SO_4·FeSO_4·6H_2O$
10	73	20.0	17.2
20	75.4	26.5	21.6
30	78	32.9	28.1

（1）将金属 Fe 溶于稀 H_2SO_4，制备 $FeSO_4$ 溶液：

$$Fe + H_2SO_4 = FeSO_4 + H_2\uparrow$$

（2）将制得的 $FeSO_4$ 溶液与等物质的量的 $(NH_4)_2SO_4$ 在溶液中混合，经加热、浓缩、冷却后，得到溶解度较小的复盐晶体：

$$FeSO_4 + (NH_4)_2SO_4 + 6H_2O = FeSO_4 \cdot (NH_4)_2SO_4 \cdot 6H_2O$$

产品中主要的杂质是 Fe^{3+}，产品质量的等级也常以 Fe^{3+} 含量的多少来评定。本实验采用目测比色法检验产品的等级。Fe^{3+} 与 SCN^- 能生成血红色 $[Fe(SCN)]^{2+}$：

$$Fe^{3+} + SCN^- = [Fe(SCN)]^{2+}（血红色）$$

且红色深浅与 Fe^{3+} 的含量有关。将所制备的硫酸亚铁铵晶体与 KSCN 溶液在比色管中配制成待测溶液，将其所呈现的红色与一定 Fe^{3+} 含量所配制成的标准 $[Fe(SCN)]^{2+}$ 溶液的红色进行比较，确定待测溶液中杂质 Fe^{3+} 的含量范围，从而确定产品等级。

四、实验内容

1. 铁屑的净化

用台秤称取 2.0 g Fe 屑，放入锥形瓶中，加入 15 mL 10% Na_2CO_3 溶液，小火加热煮沸约 10 min，以除去 Fe 屑表面的油污，倾去 Na_2CO_3 碱液，用自来水冲洗后，再用去离子水把 Fe 屑冲洗干净。

2. $FeSO_4$ 的制备

向盛有 Fe 屑的锥形瓶中加入 15 mL 3 mol·L^{-1} H_2SO_4（记下液面），水浴加热至不再有气泡放出，趁热减压过滤，保留滤液。用少量热水洗涤锥形瓶及漏斗上的残渣，抽干。将留在锥形瓶内和滤纸上的残渣收集在一起，用滤纸片吸干后称量（填入表 2-21 中），由已反应的 Fe 屑质量算出溶液中生成的 $FeSO_4$ 的量。向滤液中补加 1~2 mL 3 mol·L^{-1} H_2SO_4 溶液（为什么？），趁热转入蒸发皿中。

3. $(NH_4)_2SO_4 \cdot FeSO_4 \cdot 6H_2O$ 的制备

称取 $(NH_4)_2SO_4$ 4.3 g，加入装有 5.7 mL 微热蒸馏水的烧杯中（20 °C 饱和溶液），加热、搅拌，使之完全溶解，再倒入盛有 $FeSO_4$ 溶液的蒸发皿中，水浴加热，并用 3 mol·L^{-1} H_2SO_4 溶液调节 pH 值为 1~2，继续在水浴上蒸发、浓缩至表面出现结晶薄膜为止（蒸发过程不宜搅动溶液）。静置，使之缓慢冷却，莫尔盐晶体析出，减压过滤除去母液，并用少量无水乙醇洗涤晶体、抽干。将晶体取出，摊在两张吸水纸之间，轻压吸干。观察晶体的颜色和形状。称量（填入表 2-21 中），计算产率。

表 2-21　实验数据记录表

项　目	内　容	数　据	备　注
称量	铁屑质量（m_1）/g		
	硫酸铵质量（m_2）/g		
	硫酸亚铁铵质量（m_3）/g		
	10%碳酸钠溶液体积（V_1）/mL		
	3 mol·L^{-1} 硫酸体积（V_2）/mL		
pH 控制与检测	制备硫酸亚铁过程（pH_1）		
	制备硫酸亚铁铵过程（pH_2）		
质量检测	与标准色阶对比		
产率			

4. 计算产率

由于 2.0 g Fe 屑没有反应完全，故以$(NH_4)_2SO_4$的量进行计算，根据物质的量之比 $n(FeSO_4)：n[(NH_4)_2SO_4] = 1：1$，可计算出产品的理论质量为 12.8 g。再根据下列公式求出产率：

$$产率 = 实际质量/理论质量 \times 100\%$$

5. 质量检测

称取 1.0 g 产品于 25 mL 比色管中，加 15 mL 不含氧的蒸馏水溶解，再加入 1 mL 3 mol·L^{-1} H_2SO_4，加入 1 mL 1 mol·L^{-1} KSCN，稀释至刻度，摇匀，与标准色阶对比，判断等级。

五、注意事项

（1）若实验条件受限，$FeSO_4$的制备可将锥形瓶直接置于水浴上加热，但加热时要适当补水（保持 15 mL 左右），水太少，$FeSO_4$容易析出；太多，下一步过程进行缓慢。

（2）过滤 $FeSO_4$ 时，应注意漏斗的正确使用。

（3）硫酸亚铁铵晶体的制备过程中，加入$(NH_4)_2SO_4$后，应搅拌使其溶解后再进行下一步。加热应在水浴上进行，防止失去结晶水。

（4）在布氏漏斗中放滤纸时，应先将滤纸湿润再过滤。

（5）抽滤完毕时，应取出布氏漏斗，再关电源。

（6）稀释硫酸溶液时，应将浓硫酸倒入水中。

六、思考题

（1）Fe 屑中加入 H_2SO_4 溶液，水浴加热至不再有气泡放出时，为什么要趁热减压过滤？

（2）$FeSO_4$ 溶液中加入 $(NH_4)_2SO_4$，全部溶解后，为什么要调节 pH 值为 1～2？

（3）蒸发浓缩至表面出现结晶薄膜后，为什么要缓慢冷却后再减压抽滤？

（4）洗涤晶体时为什么用无水乙醇而不用水？

项目三 探究设计性实验

任务一 松花蛋中营养素及铅的鉴定

背景知识：松花蛋，又名皮蛋，不仅是美味佳肴，而且还有一定的药用价值。皮蛋不仅含有丰富的蛋白质和人体所需的氨基酸，还有多种维生素、微量元素和矿物质等。皮蛋加工常用主料为 CaO、Na_2CO_3 或 NaOH，配料有 PbO、$CuSO_4$、$ZnSO_4$、$FeSO_4$ 等。皮蛋的松花晶体是由蛋清蛋白质在碱性条件下的降解产物与蛋白中存在的镁离子结合而形成的晶体，皮蛋中有无松花与蛋清中镁含量有关。而且在皮蛋配方中添加锌，松花形成快并且多。皮蛋在传统的腌制过程中，常加一些氧化铅或铜等重金属以使蛋白质凝固，因此长期食用会引起人体重金属累积而发生慢性中毒。后经过以硫酸铜锌代替氧化铅生产的无铅皮蛋，并不是不含铅，而是铅的含量低。

一、任务目标

（1）掌握松花蛋蛋白、蛋黄中各种营养素（如钙、镁等）及铅的定性检验方法和技能。

（2）通过检验方法的探讨，发展实验设计和探究能力。

二、主要用品

仪器与材料：六穴白色与黑色点滴板若干，玻璃棒，大小烧杯，滴管若干，电动离心机，离心管，长颈漏斗，铁架台，天平，玻璃棒，研钵滤纸。

试剂：氢氧化钠溶液（20%、40%），高锰酸钾溶液，饱和硫氰酸钾溶液，硫氰酸汞铵溶液，钙试剂，镁试剂，盐酸（$1\ mol \cdot L^{-1}$），醋酸（$6\ mol \cdot L^{-1}$），饱和铬酸钾溶液，钼酸铵试剂。

试样：某品牌松花蛋。

三、方案构思

1. 皮蛋中钙元素的定性检验

在 pH = 12 ~ 13，钙指示剂与 Ca^{2+} 形成酒红色配合物，而自身呈纯蓝色。

2. 皮蛋中镁元素的定性检验

镁是人体不可缺少的矿物质元素之一，几乎参与人体所有的新陈代谢过程，在细胞内的含量仅次于钾。Mg^{2+} 在碱性溶液中与对硝基偶氮间苯二酚（镁试剂）的碱性溶液生成天蓝色沉淀。镁试剂在酸性溶液中显黄色，在碱性溶液中显紫红色，被 $Mg(OH)_2$ 吸附后显天蓝色。

3. 皮蛋中铁元素的定性检验

Fe^{3+} 与 SCN^- 形成血红色的配合物：

$$Fe^{3+} + SCN^- \Longleftrightarrow [Fe(SCN)]^{2+}$$

此反应用来检验 Fe^{3+} 的存在。

4. 皮蛋中锌元素的定性检验

Zn^{2+} 与 $[Hg(SCN)_4]^{2-}$ 反应生成白色沉淀：

$$Zn^{2+} + [Hg(SCN)_4]^{2-} \Longrightarrow Zn[Hg(SCN)_4] （白）\downarrow$$

此反应用来检验 Zn^{2+} 的存在。

5. 皮蛋中铅元素的定性检验

Pb(Ⅳ)具有强氧化性，在酸性介质中 PbO_2 能将 Cl^- 氧化成 Cl_2：

$$PbO_2 + 4HCl \Longrightarrow PbCl_2 + Cl_2\uparrow + 2H_2O$$

Pb(Ⅱ)能生成多种难溶化合物，如 Pb^{2+} 和 CrO_4^{2-} 作用生成难溶的 $PbCrO_4$（铬黄）沉淀，该反应可用于 Pb^{2+} 或 CrO_4^{2-} 的鉴定。某些难溶铅盐如 $PbCl_2$ 可因生成配离子 $[PbCl_4]^{2-}$ 而溶解：

$$Pb^{2+} + CrO_4^{2-} \Longrightarrow PbCrO_4 （黄）\downarrow$$

6. 皮蛋中磷元素的定性检验

PO_4^{3-} 与钼酸铵反应，生成黄色难溶晶体，其反应方程式为

$$PO_4^{3+} + 3NH_4^+ + 12MoO_4^{2-} + 24H^+ \Longrightarrow (NH_4)PO_4 \cdot 12MoO_4 \cdot 6H_2O （黄）\downarrow + 6H_2O$$

7. 皮蛋中维生素的定性检验

维生素具有还原性，可与具有氧化性的物质如 KMnO₄ 发生氧化还原反应，使 KMnO₄ 溶液褪色。

四、实施过程

1. 课前资料搜集与研究方案的设计

课前通过查阅资料、思考与讨论，明确皮蛋中的待测物质有哪些，分别以什么形态存在；每一种待测物的检验主要利用的特征反应是什么；选用什么试剂使待测物从皮蛋中溶解出来；物质检验一般有什么基本要求和步骤。

2. 研究方案的审阅

要求方案设计符合物质检验的一般要求，仪器简单、操作简便、环保、经济、现象明显、结论科学可靠。方案设计完毕，交老师审阅后分组进行探究实验。

3. 试样处理

（1）取 2.4 g 蛋白放入洁净的研钵中，边加入 25 mL 1 mol·L⁻¹盐酸边研磨，直到加入 80 mL 盐酸，蛋白才基本溶解，得到白色的浑浊液。把浑浊液倒入离心管中，离心分离 5 min，得到上面是略带白色的液体，下面是白色的固体，将液体再次倒入洗净的离心管中，再进行一次 5 min 的离心分离，最后得到的是略显白色的蛋白液。

（2）取 18.7 g 蛋黄放入洁净的研钵中，边加入 1 mol·L⁻¹ 盐酸边研磨，直到加入盐酸 10 mL 时，蛋黄基本溶解，得到黄色的浑浊液，将浑浊液倒入离心管中，离心分离 5 min，得到的还是黄色浑浊液。将该浑浊液倒入研钵中继续加入 1 mol·L⁻¹盐酸再研磨，然后离心分离 5 min，继续加 HCl 溶液 10 mL，重复前面的步骤，直到加至 30 mL 时，才得到无色澄清的蛋黄液。

4. 实验探究

（1）皮蛋中钙元素的定性检验

在洁净的白色点滴板内分别滴入蛋白液、蛋黄液 3 滴，后分别滴入 20%（或 40%）NaOH 溶液 1 滴，再分别用药匙取少量钙指示剂，加入试样中，观察实验现象，做出判断。

（2）皮蛋中镁元素的定性检验

在洁净的白色点滴板内分别滴入蛋白液、蛋黄液 3 滴,后分别滴入 20% NaOH

溶液 1 滴，再分别用玻璃棒蘸取少许镁试剂于试液中，观察、记录实验现象并做出判断。把 20% NaOH 换为 40% NaOH，重复上面蛋黄液中镁的检验实验，观察、记录实验现象并做出判断。对比得出该检验适宜的 NaOH 浓度。

（3）皮蛋中铁元素的定性检验

在洁净的白色点滴板内分别滴入蛋白液、蛋黄液 3 滴，后分别滴入 1 mol·L^{-1} 的盐酸 1 滴，再分别滴入 1 滴饱和 KSCN 溶液，观察、记录实验现象，做出判断。

（4）皮蛋中锌元素的定性检验

在洁净的黑色点滴板内分别滴入蛋白液、蛋黄液 3 滴，后分别滴入 1 mol·L^{-1} 盐酸 1 滴，再分别滴入 1 滴 $(NH_4)_2Hg(SCN)_4$ 溶液，观察、记录实验现象，做出判断。

（5）皮蛋中铅元素的定性检验

在洁净的白色点滴板内分别滴入蛋白液、蛋黄液 3 滴，后分别滴入 6 mol·L^{-1} HAc 1 滴，再分别滴入 2 滴饱和 K_2CrO_4 溶液，观察、记录实验现象，作出判断。

为了更准确验证这一现象，在 2 个洁净的离心管中分别重复上面实验，后离心分离 5 min，在盛蛋白液的管壁可以看见明显的黄色沉淀，在离心管中分别加入 2 滴 20%NaOH 溶液，可以看到沉淀全部溶解，证明蛋白中含有铅元素。

（6）皮蛋中磷元素的定性检验

在洁净的白色点滴板内分别滴入蛋白液、蛋黄液 3 滴，后分别滴入饱和钼酸铵溶液 1 滴，观察、记录实验现象，做出判断。

（7）皮蛋中维生素 C 的定性检验

在洁净的白色点滴板坑内，分别滴入蛋白液、蛋黄液 3 滴，后分别滴入 1 滴 $KMnO_4$ 稀溶液，观察、记录实验现象，做出判断。

五、总结评价

根据各实验小组实验情况及结论，对各小组依照表 3-1 所示的各评价指标进行考核评价，各考核指标所占比例可通过民主投票决定，考核评价结果按名次分为 A、B、C、D、E 五个等级，其中 A 等级占比 15%，B 等级占比 25%，C 等级占比 30%，D 等级占比 20%，E 等级占比 10%。

表 3-1　实验考核评价表

组别：_____　小组成员：_____　实验时间：_____

序号	评价项目	评价明细	总分	得分	比例/%	总分
1	组间互评	1. 实验课程纪律执行情况（15分） 2. 实验预习与准备情况（20分） 3. 团队合作实验参与度和操作技能水平（20分） 4. 分析、解决问题能力，创新能力（20分） 5. 绿色环保理念和物品规整情况（5分） 6. 实验完成情况与结果（20分）	100			
2	教师评价	1. 实验课程纪律执行情况（15分） 2. 实验预习与准备情况（20分） 3. 实验参与度和操作技能水平（20分） 4. 分析、解决问题能力，创新能力（20分） 5. 绿色环保理念和物品规整情况（5分） 6. 实验完成情况与结果（20分）	100			
3	实验操作失误情况	1. 违反实验纪律 2. 违规操作 3. 实验操作错误 4. 未按时完成实验 5. 导致安全事故或设备损坏 6. 实验试剂与耗材浪费 7. 抄袭实验材料与数据 总分100分，情况1~6每发生一次扣10分，情况7每发生一次扣30分	100			
4	实验结论	根据实验现象描述和实验结论的准确性排名，前10%得100分，前20%~前10%得95分，前30%~前20%得90分，前40%~前30%得85分，前50%~前40%得80分；后50%~后40%得75分，后40%~后30%得70分，后30%~后20%得65分，最后10%得60分	100			
5	实验方案选择与论证情况	根据实际完成情况评定成绩	100			
6	总分		成绩排名		成绩等级	

六、注意事项

（1）溶解蛋清和蛋黄时加入的盐酸要适量，太少不便于溶解，太多不便于离心分离。

（2）在进行实验前点滴板一定要洗干净，否则会影响实验结果。

七、任务拓展

（1）在盛蛋黄液的管壁看不见明显的黄色沉淀，是否就能证明蛋黄中没有铅元素存在？为什么？

（2）NaOH的浓度对镁离子的检验有何影响，为什么？

任务二 废旧电池的综合回收利用

背景知识：我们日常所用的普通干电池，主要有酸性锌锰电池和碱性锌锰电池两类，它们都含有汞、锰、镉、铅、锌等金属物质。废旧电池被遗弃后，电池的外壳会慢慢腐蚀，其中的重金属物质会逐渐渗入水体和土壤，造成污染，进而会严重危害人类健康。然而，被废弃的干电池，其锌壳和二氧化锰消耗并不多，如果能对其所含的锌、锰等重金属加以回收利用，既可以解决废旧电池的污染问题，又可以变废为宝，产生很好的经济效益和社会效益。

一、任务目标

（1）了解干电池的基本结构与所含化学物质，认识废电池的危害。

（2）了解以废锌为原料制备硫酸锌晶体的方法。

（3）进一步熟练掌握无机物的实验室提取、制备、提纯、分析等方法和技能。

（4）了解废弃物中有效成分的回收利用方法。

二、主要用品

试剂：2 mol·L^{-1}硫酸、2 mol·L^{-1}硝酸、2 mol·L^{-1}盐酸、2 mol·L^{-1}氢氧化钠、0.1 mol·L^{-1}硝酸银、0.5 mol·L^{-1}硫氰酸钾、3%双氧水、氯酸钾、氢氧化钾、二氧化碳、pH试纸。

仪器：电子天平、布氏漏斗、抽滤瓶、蒸发皿、烧杯、玻璃砂芯漏斗、铁坩埚、铁搅拌、坩埚钳。

三、方案构思

1. 锌皮的回收利用

锌是两性物质，可溶于酸或碱。但在常温下，锌与碱的反应极慢，与酸的反应则快得多。因此，本实验采用稀硫酸溶解回收锌皮来制备硫酸锌：

$$Zn + H_2SO_4 == ZnSO_4 + H_2\uparrow$$

同时，锌皮中含有的少量杂质铁也一并溶解，生成硫酸亚铁：

$$Fe + H_2SO_4 == FeSO_4 + H_2\uparrow$$

在所得的硫酸锌溶液中，先用过氧化氢将 $FeSO_4$ 氧化为 $Fe_2(SO_4)_3$：

$$2FeSO_4 + H_2O_2 + H_2SO_4 == Fe_2(SO_4)_3 + 2H_2O$$

然后加入稀硫酸，控制溶液 pH 值为 4，此时氢氧化锌溶解而氢氧化铁不溶解，可过滤除去。氢氧化物沉淀的 pH 值见表 3-2。最后将滤液酸化、蒸发浓缩、结晶，即得到 $ZnSO_4 \cdot 7H_2O$。

表 3-2　有关氢氧化物沉淀的 pH 值

氢氧化物	开始沉淀时的 pH 值		沉淀完全时的 pH 值
	初始浓度		
	$1\ mol \cdot L^{-1}$	$0.01\ mol \cdot L^{-1}$	
$Fe(OH)_3$	1.5	2.2	4.2
$Zn(OH)_2$	5.5	6.5	8.0
$Fe(OH)_2$	6.5	7.5	9.0

2. 二氧化锰的回收利用

将干电池中黑色固体溶解、过滤，可得到二氧化锰和炭粉的混合物。将混合物灼烧，可得 MnO_2。MnO_2 和强氧化剂（如 $KClO_3$）、强碱共熔，可制得 K_2MnO_4 墨绿色晶体：

$$3MnO_2 + KClO_3 + 6KOH \xrightarrow{\triangle} 3K_2MnO_4 + KCl + 3H_2O$$

K_2MnO_4 溶于水并在水中发生歧化反应：

$$3K_2MnO_4 + 2H_2O == 2KMnO_4 + MnO_2 + 4KOH$$

在酸性介质（如加酸或通入二氧化碳气体）中，上述歧化反应的趋势和速率更大：

$$3K_2MnO_4 + 2CO_2 == 2KMnO_4 + MnO_2 + 2K_2CO_3$$

滤去二氧化锰固体，将滤液蒸发浓缩，由于 $KMnO_4$ 在水中的溶解度比 K_2CO_3 小，故首先析出 $KMnO_4$ 晶体。

四、方案实施

（一）锌皮的回收利用

1. 锌皮的处理

拆下废电池的锌皮，用水刷洗，除去锌皮表面可能有的氯化锌、氯化铵及二氧化锰等杂质（锌皮上还可能沾有用水难以洗净的石蜡、沥青等有机物，可在锌皮溶于酸后过滤除去）。将锌皮剪成细条状，备用。

2. 锌的溶解

称取处理好的锌皮 5 g，加入 2 $mol \cdot L^{-1}$ H_2SO_4（用量在实验前算好），加热，待反应较快时停止加热。反应完毕，用表面皿盖好，放置过夜，备用。过滤，滤液盛在 400 mL 烧杯中。

3. $Zn(OH)_2$ 的生成

将滤液加热近沸，加入 3% 双氧水 10 滴，在不断搅拌下滴加 2 $mol \cdot L^{-1}$ 氢氧化钠溶液，逐渐有大量白色氢氧化锌沉淀生成。当加入氢氧化钠溶液约 20 mL 时，加水 150 mL，充分搅匀。在不断搅拌下，继续滴加氢氧化钠至溶液 pH 值为 8，抽滤，沉淀用蒸馏水淋洗数次，过滤。

取后期滤液 2 mL，加 2 $mol \cdot L^{-1}$ 硝酸溶液 2~3 滴、0.1 $mol \cdot L^{-1}$ 硝酸银溶液 2 滴，振荡试管，观察现象（用蒸馏水代替滤液做对照实验）。如有浑浊，说明沉淀中含有可溶性杂质，需用蒸馏水淋洗，直至滤液中不含 Cl^- 为止，弃去滤液。

4. $Zn(OH)_2$ 的溶解及铁的去除

将 $Zn(OH)_2$ 沉淀转移至烧杯中，另取 2 $mol \cdot L^{-1}$ 硫酸约 30 mL，在不断搅拌下滴加到 $Zn(OH)_2$ 沉淀中去，当有溶液出现时，小火加热，并继续滴加硫酸，控制溶液 pH = 4（后期加酸要缓慢，当 pH=4 时，即使还有少量白色沉淀未溶，也不再加酸，通过加热、搅拌，沉淀会逐渐溶解）。

将溶液加热至沸，促使三价铁离子水解，生成 $Fe(OH)_3$ 沉淀。趁热过滤，弃去沉淀。

5. 蒸发、结晶

在除铁后的滤液中，滴加 2 mol·L^{-1}硫酸，使溶液 pH = 2，将其转入蒸发皿中，在水浴上蒸发、浓缩至液面上出现晶膜。自然冷却，抽滤，将晶体用滤纸吸干，称量并计算产率。

6. 产品检验

产品质量检验的实验现象与实验室提供的试剂进行对比。

（1）氯离子的检验。取少量刚制得的晶体于一支试管中，加入 2 mol·L^{-1}硝酸溶液 2 滴和 0.1 mol·L^{-1}硝酸银溶液 2 滴，摇匀，观察现象并与实验试剂进行比较。

（2）Fe^{3+}的检验。取少量刚制得的晶体于一支试管中，加入 2 mol·L^{-1}盐酸 5 滴和 0.5 mol·L^{-1} KSCN 溶液 2 滴，摇匀，观察现象并与实验试剂进行比较。

（3）Cu^{2+}的检验。取少量刚制得的晶体于一支试管中，加入 2 mol·L^{-1}硫酸 5 滴溶解，再滴加 3 滴 0.2 mol·L^{-1}乙二胺四乙酸二钠溶液，观察是否变浅蓝色。若变浅蓝色，说明晶体中混有 Cu^{2+}。

根据实验结果，评定产品中 Cl^-、Fe^{3+}、Cu^{2+}的含量是否达到实验试剂标准。

（二）二氧化锰的回收利用

1. MnO_2 的提取

将电池中黑色固体倒入 200 mL 烧杯中，加入蒸馏水（每节电池 50 mL 水），搅拌、溶解、过滤，用滤纸吸干，得黑色固体。将黑色固体放入坩埚中，用电炉灼烧 15 min，冷却，称量。

2. MnO_2 的氧化

称取 4 g KOH 固体和 2 g $KClO_3$ 固体，倒入铁坩埚中，用铁搅棒搅拌均匀，将铁坩埚置于石棉网上用小火加热，边加热边搅拌（注意不要近距离在铁坩埚上方观察）。待混合物溶解后，将 3 g MnO_2 固体在搅拌的同时分多次小心加入铁坩埚中。随着反应的进行，熔融物黏度增大，加快搅拌速度以防止结块或粘在铁坩埚壁上。待反应物干涸后，加大火强热 5~10 min，并适当翻动，用玻璃棒将熔块捣碎。

3. 浸 取

待铁坩埚内物料冷却后，连同铁坩埚一起放入已盛有约 100 mL 水的 250 mL 烧杯中，共煮至熔融物全部溶解，用坩埚钳取出坩埚，得 K_2MnO_4 溶液。

4. 锰酸钾歧化

向上述墨绿色溶液中趁热通入 CO_2 气体（如何制备 CO_2 气体？），直至 K_2MnO_4 全部歧化（用玻璃棒蘸取溶液滴于纸上，若滤纸上只有紫红色痕迹而不见绿色，即可认为 K_2MnO_4 已歧化完全）。继续加热，趁热用玻璃砂芯漏斗抽滤，弃去残渣（MnO_2）。

5. 蒸发结晶

将上述滤液转入蒸发皿中，小火加热，浓缩至液面出现微小晶粒，停止加热，自然冷却。待 $KMnO_4$ 晶体充分析出后，以玻璃砂芯漏斗抽干。将产品转移至洁净的表面皿上，称量并计算产率。

（三）实验数据及现象记录

本着实事求是、科学严谨的态度完成表 3-3，并交予指导教师审核，实验结果及数据将作为方案总结评价的主要依据之一。

表 3-3　实验数据及现象记录表

任务名称	记录要点	实验数据	记录要点	实验现象
锌皮的回收利用	锌皮的质量/g		滤液中加入 $AgNO_3$ 溶液现象	
	硫酸的消耗量/mL		$ZnSO_4 \cdot 7H_2O$ 颜色	
	$Zn(OH)_2$ 质量/g		Cl^- 的检验	
	$ZnSO_4 \cdot 7H_2O$ 质量/g		Fe^{3+} 的检验	
	$ZnSO_4 \cdot 7H_2O$ 产率/%		Cu^{2+} 的检验	
二氧化锰的回收利用	电池黑色固体质量/g		MnO_2 提取实验现象	
	提取 MnO_2 的质量/g		MnO_2 氧化实验现象	
	$KMnO_4$ 质量/g		K_2MnO_4 歧化现象	
	$KMnO_4$ 产率/%			

五、总结评价

根据各实验小组的实验情况及结论，对各小组依照表 3-4 所示的各评价指标进行考核评价。各考核指标所占比例可通过民主投票决定，考核评价结果按名次分为 A、B、C、D、E 五个等级，其中 A 等级占比 15%，B 等级占比 25%，C 等级占比 30%，D 等级占比 20%，E 等级占比 10%。

表 3-4 实验考核评价表

组别：＿＿＿＿＿＿＿＿＿＿ 小组成员：＿＿＿＿＿＿＿＿ 实验时间：＿＿＿＿＿＿＿

序号	评价项目	评价明细	总分	得分	比例/%	总分
1	组间互评	1. 实验课程纪律执行情况（15分） 2. 实验预习与准备情况（20分） 3. 团队合作实验参与度和操作技能水平（20分） 4. 分析、解决问题能力，创新能力（20分） 5. 绿色环保理念和物品规整情况（5分） 6. $ZnSO_4$ 和 $KMnO_4$ 的产率与纯度（20分）	100			
2	教师评价	1. 实验课程纪律执行情况（15分） 2. 实验预习与准备情况（20分） 3. 团队合作实验参与度和操作技能水平（20分） 4. 分析、解决问题能力，创新能力（20分） 5. 绿色环保理念和物品规整情况（5分） 6. $ZnSO_4$ 和 $KMnO_4$ 的产率与纯度（20分）	100			
3	实验操作失误情况	1. 违反实验纪律 2. 违规操作 3. 实验操作错误 4. 未按时完成实验 5. 导致安全事故或设备损坏 6. 实验试剂与耗材浪费 7. 抄袭实验材料与数据 总分100分，情况1~6每发生一次扣10分，情况7每发生一次扣30分	100			
4	实验结论	根据实验数据的准确性和产品质量、产率排名，前10%得100分，前20%~前10%得95分，前30%~前20%得90分，前40%~前30%得85分，前50%~前40%得80分，后50%~后40%得75分，后40%~后30%得70分，后30%~后20%得65分，最后10%得60分	100			
5	制备方法选择与论证情况	根据实际完成情况评定成绩	100			
6	总分	成绩排名		成绩等级		

六、注意事项

（1）在除硫酸锌中 Fe^{3+} 杂质的过程中，为确保 Fe^{3+} 完全去除，应严格控制溶液 pH 值。

（2）将电池黑色固体、KOH 固体和 $KClO_3$ 固体倒入铁坩埚中灼烧时应远离人群，小火灼烧，防止发生爆炸。

（3）实验完成后电池残留物应妥善处理，防止污染环境。

七、任务拓展

（1）本实验中检验 Cu^{2+} 的原理是什么？

（2）为什么由 MnO_2 制 K_2MnO_4 时用铁坩埚而不用瓷坩埚？

（3）可以在盐酸酸性介质中完成 K_2MnO_4 的歧化吗？为什么？

（4）抽滤 $KMnO_4$ 溶液为什么用玻璃砂芯漏斗而不用布氏漏斗？

任务三　醋酸钙镁盐的制备及条件优化

背景知识：醋酸钙镁盐（CMA）是美国于 20 世纪 80 年代初为替代高速公路除冰剂（氯化钠）而开发的一种新的环保型化学品，以减少公路基础设施中的混凝土、金属的腐蚀及地表水的污染。与氯化钠相比，CMA 具有水溶性好、熔点低、可生物降解的特点。近年来，研究者还发现，CMA 具有脱除煤燃烧产生的 NO_x、SO_x 及 PVC 燃烧时产生的 HCl，控制大气污染等作用。

一、任务目标

（1）掌握醋酸钙镁盐的制备原理和方法。

（2）学习无机化合物合成实验装置的装配及恒压漏斗的使用方法。

（3）培养理论联系实际的能力。

二、主要用品

仪器：圆底烧瓶（250 mL）、球形冷凝管、电热套、电动搅拌器、鼓风干燥箱、烧杯、电子天平等。

药品：CaO、MgO、CH_3COOH

三、方案构思

醋酸钙镁盐（CMA）为白色粉末，根据钙和镁与醋酸的结合次序，可将 CMA 的实验室制备方法分为同步法和两步法，即钙镁与醋酸同时反应和分步反应。

同步法：通过冰醋酸和 CaO、MgO 或 $CaCO_3$、$MgCO_3$ 之间的反应制备 CMA，产物中含有 10%～35%的生成水，初产物往往还含有过量的酸或碱。

两步法：首先用 MgO 和过量的醋酸反应生成醋酸镁和醋酸的混合溶液，然后用 CaO 与剩余的醋酸反应获得 CMA。

CMA 作为除冰剂的最佳组成为 $n(Mg)：n(Ca) = 7：3$，这一组成接近两种醋酸盐的最低共熔点，且热容量高，在干燥过程中不易分解，因此将其作为除冰剂时在混凝土上不易结垢。

四、实施过程

1. 反应混合液的配制

在装有冷凝管和电动搅拌器的三口烧瓶中加入 16.8 g CaO 和 8.0 g MgO，用 15 g 冰醋酸和 27 g 水配制成酸水混合物，用 100 mL 恒压漏斗将酸水混合物缓慢滴加到三口烧瓶中，打开电动搅拌器，边滴加边搅拌，30 min 内滴完。

2. 合成反应

调节搅拌速度为 200 r/min，反应温度为 65 ℃，反应 70 min 后停止加热。刚开始反应时反应混合物呈良好的流动状态，反应 60 min 后，反应混合物相态突然发生变化，呈浆状。

3. 产物处理

反应结束后，拆下冷凝管和电动搅拌器，将呈浆状的反应混合物倾倒至表面皿中，放入鼓风干燥箱中于 80 ℃ 干燥，研细，得白色粉末，称量，计算产率。

$$产率 = \frac{产物质量}{理论产量} \times 100\%$$

4. 融冰实验

称取 50 g 冰块放入 250 mL 烧杯中，取 3 g 产品作为融冰样品加入烧杯，30 min 后观察冰块的融化情况，评价醋酸钙镁盐的融冰效果。

五、总结评价

根据各实验小组的实验情况及结论，对各小组依照表 3-5 所示的各评价指标进行考核评价。各考核指标所占比例可通过民主投票决定，考核评价结果按名次分为 A、B、C、D、E 五个等级，其中 A 等级占比 15%，B 等级占比 25%，C 等级占比 30%，D 等级占比 20%，E 等级占比 10%。

表 3-5　实验考核评价表

组别：＿＿＿＿＿＿　　　小组成员：＿＿＿＿＿＿　　　实验时间：＿＿＿＿＿

序号	评价项目	评价明细	总分	得分	比例/%	总分
1	组间互评	1. 实验课程纪律执行情况（15 分） 2. 实验预习与准备情况（20 分） 3. 团队合作实验参与度和操作技能水平（20 分） 4. 分析、解决问题能力，创新能力（20 分） 5. 绿色环保理念和物品规整情况（5 分） 6. 实验完成情况与结果（20 分）	100			
2	教师评价	1. 实验课程纪律执行情况（15 分） 2. 实验预习与准备情况（20 分） 3. 实验参与度和操作技能水平（20 分） 4. 分析、解决问题能力，创新能力（20 分） 5. 绿色环保理念和物品规整情况（5 分） 6. 实验完成情况与结果（20 分）	100			
3	实验操作失误情况	1. 违反实验纪律 2. 违规操作 3. 实验操作错误 4. 未按时完成实验 5. 导致安全事故或设备损坏 6. 实验试剂与耗材浪费 7. 抄袭实验材料与数据 总分 100 分，情况 1～6 每发生一次扣减 10 分，情况 7 每发生一次扣减 30 分	100			
4	实验结论	根据实验数据的准确性和产品质量、产率排名，前 10%得 100 分，前 20%～前 10%得 95 分，前 30%～前 20%得 90 分，前 40%～前 30%得 85 分，前 50%～前 40%得 80 分，后 50%～后 40%得 75 分，后 40%～后 30%得 70 分，后 30%～后 20%得 65 分，最后 10%得 60 分	100			
5	制备方法选择与论证情况	根据实际完成情况评定成绩	100			
6	总分	成绩排名			成绩等级	

六、注意事项

（1）当加热温度超过醋酸的闪点（43 ℃）时，醋酸蒸气有爆炸的危险，所以实验过程中应保持室内通风，防止明火。

（2）反应过程中应保持醋酸适当过量，控制反应液的 pH 值在 7~8。

七、任务拓展

（1）作为新型融冰剂，CMA 与传统融冰剂氯化钠相比有哪些优越性？

（2）在反应过程中为什么要控制反应液的 pH 值在 7~8？

任务四　碱式碳酸铜的制备

背景知识：碱式碳酸铜，呈孔雀绿颜色，所以又叫孔雀石，是一种名贵的矿物宝石。它是铜与空气中的氧气、二氧化碳和水蒸气等物质反应产生的物质，又称铜绿。铜绿加热会分解为氧化铜、水和二氧化碳，在自然界中以孔雀石的形式存在。碱式碳酸铜在工业上可用于有机催化剂、颜料和烟火制造中；在农业上用作植物黑穗病的防治剂、杀虫剂和磷毒的解毒剂，与沥青混合可防止牧畜及野鼠啃树苗；在原油储存时用作脱碱剂及生产铜化合物的原料。

一、任务目标

（1）进一步复习和巩固无机制备实验基本操作，了解碱式碳酸铜的制备原理和方法。

（2）研究探索碱式碳酸铜的制备条件，研究反应物的合理配比，并确定制备反应的最佳浓度和最适宜的温度条件。

（3）培养实验研究与创新能力。

二、主要用品

药品：$CuSO_4$、$Cu(NO_3)_2$、$Cu(Ac)_2$、Na_2CO_3、$NaHCO_3$、NH_4HCO_3。

仪器：电热恒温水浴锅、容量瓶（100 mL）、移液管（100 mL）、试管、减压抽滤装置、烧杯、电子天平等。

三、方案构思

碱式碳酸铜，分子式为 $Cu_2(OH)_2CO_3$，为草绿色或绿色结晶物，是自然界中孔雀石的主要成分，易溶于酸和氨水，不溶于水，分解温度为 220 ℃。碱式碳酸铜具有扬尘性，应避免与皮肤、眼睛等接触及吸入。目前碱式碳酸铜的制备方法包括硫酸铜法、硝酸铜法和氨法，主要采用可溶性的铜盐和碳酸盐制备合成。对于碱式碳酸铜的合成，首先值得讨论的是原料的选择问题，可溶性铜盐有 $CuSO_4$、$Cu(Ac)_2$ 和 $Cu(NO_3)_2$，碳酸盐有 Na_2CO_3、$NaHCO_3$ 和 NH_4HCO_3 等。这些物质之间的复分解反应主要有以下五种：

$$2Cu(NO_3)_2 + 2Na_2CO_3 + H_2O = Cu_2(OH)_2CO_3 + 4NaNO_3 + CO_2\uparrow$$

$$2Cu(NO_3)_2 + 4NH_4HCO_3 = Cu_2(OH)_2CO_3 + 4NH_4NO_3 + 3CO_2\uparrow + H_2O$$

$$2CuSO_4 + 2Na_2CO_3 + H_2O = Cu_2(OH)_2CO_3 + 2NaSO_4 + CO_2\uparrow$$

$$2CuSO_4 + 4NH_4HCO_3 = Cu_2(OH)_2CO_3 + 2NH_4SO_4 + 3CO_2\uparrow + H_2O$$

$$2Cu(Ac)_2 + 4NH_4HCO_3 = Cu_2(OH)_2CO_3 + 4NH_4Ac + 3CO_2\uparrow + H_2O$$

碱式碳酸铜几种可能的化学式：$Cu_2(OH)_2CO_3$、$2CuCO_3 \cdot Cu(OH)_2$、$2CuCO_3 \cdot Cu(OH)_2$、$2CuCO_3 \cdot 5Cu(OH)_5$。由于后几种物质的生成，晶体带有蓝色。

以上几种方法制得的产物颜色不一样，这是因为产物的组成与反应物组成、溶液酸碱度、温度有关，从而使晶体发生变化。

四、实施过程

1. 制备方法的选择

本实验允许产品中含有一定量的碱金属杂质，但要求严格控制成本，请从原料来源、绿色环保、产物后处理、制备工艺条件、生产成本等几个方面综合考虑，从上述 5 种制备方法中选择一种碱式碳酸铜制备方法，进行制备实验，并说明理由，确保该方法适合作为碱式碳酸铜的实验室制备方法，且产品满足要求。

2. 碱式碳酸铜的制备

分别取 0.5 mol·L^{-1} 的 $CuSO_4$[或 $Cu(NO_3)_2$、$Cu(Ac)_2$]溶液 5.0 mL 于一支试管中，再取 0.5 mol·L^{-1} Na_2CO_3（或 $NaHCO_3$、NH_4HCO_3）溶液 20 mL 于另一支试管中，将两支试管均放在 75 ℃ 水浴中，5 min 后，将 $CuSO_4$[或 $Cu(NO_3)_2$、$Cu(Ac)_2$]溶液倒入 Na_2CO_3（或 $NaHCO_3$、NH_4HCO_3）溶液中，观察试管中生成沉淀的现象，振荡试管，观察，记录实验现象。待反应完全后，用 pH 试纸测定反应混合物的 pH 值，而后抽滤该混合物，洗涤，干燥，称量，计算产率。观察产物的颜色、状态。

3. 反应物最佳配比的探求

按照步骤 2 所述的制备方法,改变反应物铜盐和碳酸盐的摩尔比,置于 75 ℃ 的水浴中进行反应,观察产物颜色、状态,计算反应产率,测定产物中 Cu^{2+} 含量, 完成表 3-6,并由实验结果确定反应物的合适配比。

表 3-6　反应物配比的影响

反应物摩尔比 ($n_{铜盐}:n_{碳酸盐}$)	反应混合物 pH 值	产物颜色	沉淀完全所需时间/min	产率/%
1 : 2				
1 : 3				
1 : 4				
1 : 5				

注:若选择 NH_4HCO_3 作为反应物,则反应物的配比分别设置为 1 : 3、1 : 4、1 : 5 和 1 : 6。

4. 反应温度的探求

按步骤 3 求得的最佳配料比,按步骤 2 所述的制备方法,取 4 份溶液分别置 于 25 ℃、50 ℃、75 ℃ 和 100 ℃ 的恒温水浴中进行反应,观察产物颜色、状态, 计算反应产率,测定产物中 Cu^{2+} 含量,完成表 3-7,并由实验结果确定反应的合 适温度。

表 3-7　温度对产物的影响

温度 t/℃	反应混合物 pH 值	产物颜色	沉淀完全所需时间/min	产率/%
25				
50				
75				
100				

5. 实验结论验证

根据探索实验结果,依据上述步骤 2 在最佳配比和反应温度条件下制备碱式 碳酸铜,观察产物颜色、状态,计算反应产率,测定产物中 Cu^{2+} 含量,完成表 3-8,并对实验研究过程进行总结。

表 3-8 实验结论验证

制备反应原理				
最佳原料配比			最佳反应温度 $t/$ °C	
最优条件下实验结论	产物颜色			
	沉淀完全所需时间/min			
	产率/%			
	反应混合物 pH 值			
实验总结与心得				

五、实验考核评价

根据各实验小组的实验情况及结论，对各小组依照表 3-9 所示的各评价指标进行考核评价。各考核指标所占比例可通过民主投票决定，考核评价结果按名次分为 A、B、C、D、E 五个等级，其中 A 等级占比 15%，B 等级占比 25%，C 等级占比 30%，D 等级占比 20%，E 等级占比 10%。

表 3-9 实验考核评价表

组别：_____ 小组成员：_____ 实验时间：_____

序号	评价项目	评价明细	总分	得分	比例/%	总分
1	组间互评	1. 实验课程纪律执行情况（5分） 2. 制备方法选择与可行性论证（30分） 3. 团队合作实验参与度和操作技能水平（20分） 4. 分析、解决问题能力，创新能力（20分） 5. 绿色环保理念和物品规整情况（5分） 6. 实验完成情况与结果（20分）	100			
2	教师评价	1. 实验课程纪律执行情况（5分） 2. 制备方法选择与可行性论证（30分） 3. 实验参与度和操作技能水平（20分） 4. 分析、解决问题能力，创新能力（20分） 5. 绿色环保理念和物品规整情况（5分） 6. 实验完成情况与结果（20分）	100			
3	实验操作失误情况	1. 违反实验纪律 2. 违规操作 3. 实验操作错误 4. 未按时完成实验				

序号	评价项目	评价明细	总分	得分	比例/%	总分
3	实验操作失误情况	5. 导致安全事故或设备损坏 6. 实验试剂与耗材浪费 7. 抄袭实验材料与数据 总分 100 分，情况 1~6 每发生一次扣 10 分，情况 7 每发生一次扣 30 分	100			
4	实验结论	根据实验数据的准确性和产品质量、产率排名，前 10%得 100 分，前 20%~前 10%得 95 分，前 30%~前 20%得 90 分，前 40%~前 30%得 85 分，前 50%~前 40%得 80 分，后 50%~后 40%得 75 分，后 40%~后 30%得 70 分，后 30%~后 20%得 65 分，最后 10%得 60 分	100			
5	制备方法选择与论证情况	根据实际完成情况评定成绩	100			
6	总分	成绩排名			成绩等级	

六、注意事项

（1）该实验需提前预习，查阅文献资料，提前选定碱式碳酸铜的制备方法，并完成所选定方法的可行性研究报告。

（2）在称量碱式碳酸铜产品质量之前，应先将产品置于烘箱中于 100 ℃烘干。

（3）碱式碳酸铜产品抽滤后应用适量的去离子水洗涤，直至洗涤液中不含 SO_4^{2-}、CO_3^{2-} 等相关杂质离子为止，SO_4^{2-}、CO_3^{2-} 可通过 0.2 mol·L^{-1} 的氯化钡溶液进行检测。

七、任务拓展

（1）不同制备方法和配比制得的产品颜色为何会有差别？请说明何种颜色的产物中碱式碳酸铜含量最高？

（2）反应在何种温度下进行会出现褐色产物？这种褐色物质是什么？

（3）除了反应温度和原料配比外，还有哪些因素对反应产物会产生影响？

项目四　趣味性实验

任务一　地球生命起源与神秘的烧杯

背景知识：化学是一门以实验为基础的科学，化学实验是进行科学探究的主要方式，也是学生理论联系实际的主要途径。在日常教学中，如果能将实验用趣味实验展现出来，能起到更好的效果，特别是针对高职学生。趣味实验的开设，有助于激发学生学习兴趣，拓展学生思维，建立互动教学模式，从而培养学生的化学实验综合能力。

本次任务要求同学们利用已学习过的化学知识，一方面模拟地球生命起源过程，实现模拟宇宙大爆炸、银河系形成、太阳系形成、地球早期火山喷发等充满神奇和趣味的实验现象；另一方面通过化学的手段实现一个纸杯的神奇变化过程，趣味性强，整个过程涉及无机化学实验的众多基本操作，要求大家在完成任务的同时不断思考，培养创新实践能力。

一、任务目标

（1）学习和掌握常见无机化合物的主要性质。

（2）复习和巩固无机化学实验基本操作，培养学生动手能力。

（3）培养学生开展化学实验探索的能力，激发学生学习兴趣，提升学生创新实践能力。

二、主要用品

仪器：铅笔、图画纸、喷雾器、一次性纸杯、烧杯、毛笔、白纸、玻璃棒、圆底烧瓶、橡胶塞、玻璃缸、胶头滴管、玻璃板。

试剂：40%的硅酸钠水溶液，$CoCl_2$，$FeCl_3$，$CuCl_2$，$NiCl_2$，$PbCl_2$，$Al_2(SO_4)_3$，$Fe_2(SO_4)_3$，$CuSO_4$，$NiSO_4$，$Co(NO_3)_2$，$Fe(NO_3)_3$，$Cu(NO_3)_2$，$Ni(NO_3)_2$，重铬酸铵，镁粉，铝箔，白磷，纯氧，过饱和醋酸钠溶液，饱和碳酸氢钠溶液，$0.5\ mol \cdot L^{-1}$ 盐酸；过饱和酚酞溶液，碳酸钠，氯化钙，硫酸，2%硫氰化钾（KSCN）溶液，

碘化钾，氨水，氯化钠，1 mol·L^{-1}氯化铁（$FeCl_3$）溶液，聚丙烯酸钠，硝酸钾溶液，98%浓硫酸，高锰酸钾，酒精，硅酸钠。

三、方案构思

1. 地球生命起源实验

（1）模拟宇宙大爆炸、银河系形成：镁粉在铝箔中被点燃后会产生轻微爆炸声，且燃烧时会产生白色亮光。

$$2Mg + O_2 \stackrel{}{=\!=\!=} 2MgO$$

$$4Al + 3O_2 \stackrel{}{=\!=\!=} 2Al_2O_3$$

（2）模拟太阳系形成：红磷在氧气中燃烧发出耀眼的白光：

$$4P（红磷）+ 5O_2 =\!=\!= 2P_2O_5$$

（3）模拟地球早期火山喷发：重铬酸铵受热分解是强烈的放热反应，产生的氮气会带着铬粉末从火山口冲出：

$$(NH_4)_2Cr_2O_7 =\!=\!= N_2\uparrow + Cr_2O_3（绿色）+ 4H_2O$$

（4）模拟海洋原始植物形成：很多金属的硅酸盐都不溶于水，且颜色各异。不溶于水的硅酸盐在加入水玻璃的金属盐晶粒表面形成一层难溶于水而有半渗透性的薄膜，这层膜只允许水向晶体中渗透而不许其他离子透出，渗入的水溶解了可溶性盐使薄膜胀裂后又形成新的薄膜，这一过程不断循环使金属盐在水玻璃中长出各色美丽的枝状晶体：

$$M_mA_n + m/2Na_2SiO_3 =\!=\!= m/2M_2SiO_3 + nNaA$$
（其中 M 代表金属离子，A 代表酸根）

（5）模拟大陆的形成：过饱和醋酸钠溶液在碰到凝固的部分后会立刻固化，利用醋酸钠溶液制作陆地雕塑。

（6）模拟生物的形成：将事先准备好的生物模型浸润在含有饱和碳酸氢钠的有色溶液中，通过特殊途径使其塑造成立方体模型。在实验中，倒入稀盐酸将模型外层的碳酸氢钠晶体除去，展示出生物模型。

2. 神秘的烧杯实验

（1）硫氰化钾（KSCN）溶液与氯化铁（$FeCl_3$）溶液反应生成红色的 $Fe(SCN)_3$：

$$KSCN + FeCl_3 =\!=\!= Fe(SCN)_3 + 3KCl$$

（2）KNO_3 与带火星的木条接触时，KNO_3 受热分解放出 O_2，纸被烧焦：

$$2KNO_3 === 2KNO_2 + O_2\uparrow$$

（3）$KMnO_4$ 和浓硫酸反应产生氧化能力极强的棕色油状液体 Mn_2O_7。Mn_2O_7 遇到酒精立即发生强烈的氧化还原反应，放出的热量使酒精达到着火点而燃烧：

$$2KMnO_4 + H_2SO_4（浓）=== K_2SO_4 + Mn_2O_7 + H_2O$$

$$2Mn_2O_7 === 4MnO_2 + 3O_2\uparrow$$

$$C_2H_5OH + 3O_2 === 2CO_2 + 3H_2O$$

（4）利用吸水能力超强的高分子聚合物——聚丙烯酸钠置于杯底，吸水量约可达聚丙烯酸钠质量的 800 倍（每克聚丙烯酸钠可吸收 825 mL 水），因此经倒入水后，杯中之水会被超强的高分子聚合物吸住且膨胀起来，进而会卡住杯底，若将该杯反转过来，便觉得水不会掉下来。

（5）Na_2CO_3 水解显碱性，遇到酚酞试剂显红色。

四、实施过程

1. 地球生命起源实验过程

（1）将镁粉包在铝箔中，引燃镁粉。

（2）在充满氧气的玻璃球体中心放约 0.5 g 白磷，用微热的玻璃棒一端轻触白磷使其燃烧，封住球体的口。

（3）在烧杯中放入几匙研细的重铬酸铵，用加热过的玻璃棒一端轻触重铬酸铵，引起反应。

（4）在玻璃缸中倒入 40% 的硅酸钠溶液，向其中加入各种金属盐固体。

（5）在玻璃板上用干净的玻璃烧瓶按一定速度倒入预先准备好的过饱和醋酸钠溶液。

（6）将预先准备好的生物模型放在玻璃容器中，然后加入热的过饱和碳酸氢钠溶液，放入冰箱中冷却，结晶，使其形成立方体模型。在实验中，加入稀盐酸，使其模型外层晶体溶解，除去。

2. 神秘的烧杯实验

（1）在图画纸上先用铅笔轻轻地写出"无机化学实验"几个字的轮廓。

（2）用 2% 硫氰化钾（KSCN）溶液涂画此轮廓。

（3）表演时，用盛有 1 mol·L^{-1} 氯化铁（$FeCl_3$）溶液的喷雾器向纸上喷洒。

（4）在 4 个小烧杯中分别放入酚酞、Na_2CO_3、$CaCl_2$、HCl，在 5 个纸杯中依次加入 $AgNO_3$、氨水、KI、KI、聚丙烯酸钠。

（5）将第一个烧杯倒入第二烧杯，第二烧杯又倒入第三烧杯，依次倾倒直至第四烧杯；将第四个烧杯中的水倒入第一个纸杯中，将第一个纸杯中的水全部倒入旁边第二个纸杯中，依次倒入至最后一个纸杯，在这期间观察从杯子里流出来的水是什么颜色。最后将此五个纸杯的位置调整几次之后，让观察者猜猜看由最后一个纸杯中倒出来的水在哪一个纸杯里面。

（6）在烧杯中加入饱和硝酸钾溶液，用毛笔蘸取溶液在白纸上写下"CCS"，三个字的笔画应该连在一起，保证反应一次进行完成。写完之后再用毛笔蘸溶液描3次。

（7）在写的字的开头做一个小标记，并将写过字的纸晾干，在记号处加一些酒精。

（8）用药匙的小端取少许研细的高锰酸钾粉末，放在玻璃片上并堆成小堆；将玻璃棒先蘸一下浓硫酸，再粘一些高锰酸钾粉末，轻触做标记的地方引发反应。

五、注意事项

（1）模拟宇宙大爆炸、银河系形成过程初步有轻微爆炸，铝箔中的镁条不可过量。

（2）模拟太阳系形成过程产生的 P_2O_5 气体有一定危险性，故实验前要检验仪器的气密性。

（3）模拟海洋原始植物形成过程必须保证仪器不受到任何震动，任何轻微的震动都会导致形成的晶体塌方。

（4）七氧化二锰很不稳定，在 0 ℃ 时就可分解为二氧化锰和氧气。因此玻璃棒蘸浓硫酸和高锰酸钾后，要立即引燃。否则时间一长，七氧化二锰分解完，就达不到效果了。

（5）要严格控制硝酸钾浓度，硝酸钾必须饱和，否则不能达到效果。

（6）在第二个放 KI 的纸杯中，要放稍过量的 KI，否则沉淀不会完全溶解。

（7）写字时各个字之间要连续，否则不能一次燃烧完。

六、任务拓展

（1）如果将模拟宇宙大爆炸、银河系形成实验中的铝箔更换成干冰块，将会发生什么实验现象？为什么？

（2）为什么过饱和醋酸钠溶液在碰到凝固的部分后会立刻固化？

（3）结合本次任务实施方案，请设计一种火柴，并阐述原理。

任务二　简易电池制作

　　背景知识：电池（Battery）是将化学能转化成电能的装置，由正极、负极和电解质组成。电池的性能参数主要有电动势（开路电压）、容量、比能量等。利用电池作为能量来源，可以得到稳定电压、稳定电流，且电池结构简单，携带方便，充放电操作简便易行，不受外界气候和温度的影响，性能稳定可靠，在现代社会生活中的各个方面发挥着很大作用。

一、任务目标

　　（1）掌握电池的制备原理和形成电流的条件。

　　（2）学习简易电池的制备方法。

　　（3）培养学生理论联系实际的能力。

二、主要用品

　　试剂：废电池、水果（柠檬、橙子等）、食盐、冰箱用除臭剂、大钉子。

　　仪器：7 枚五角硬币、7 枚 1 角硬币、纸巾、汤匙、铝箔、炭棒、纱布、回形针、塑料胶带、空胶卷筒、带接线夹导线（两根）、发光二极管（2 V 左右）、小刀和叉子等（不锈钢物品）。

三、方案构思

　　金属中含有许多能够自由移动的电子，当两种不同的金属通过导体（或者电解质溶液）接触时，较活泼的金属（铝）会失去电子，这些失去的电子形成电流，沿着导线传递，最后流到较不活泼的金属上（形成电流回路），这时发光二极管中流动着许多电子，从而产生了光。总之，由于电子的流动，从而产生了"电"。

四、实施过程

1. 实验前的准备

　　（1）通过询问有关人员、查询资料等方法，调查市场上常见电池的种类及型号、开路电压、额定电流、容量、用途及回收价值。

　　（2）研究电池的构成及工作原理。

　　① 剖开一节废干电池，剥去外层包装和封口上的火漆，用刀沿垂直方向剖开，观察内部构造，探究其工作原理。

② 讨论形成电流的条件。

③ 讨论生活中可以用来做电池的材料。

2．水果制作电池

（1）在切成一半的柠檬或橙子中，插入不锈钢汤匙。

（2）在汤匙的附近用小刀横着切一个小口。

（3）在（2）切成的小口中插入剪成四方形的铝箔。

（4）用带接线夹导线分别把铝箔与汤匙连接起来。

（5）发光二极管的阳极一端接铝箔，阴极一端接叉子或者小刀之类的餐具。

不仅是柠檬和橙子之类的水果可用作制作电池的材料，白兰瓜、苹果、橘子等水果也可用来做相同的实验。另外，番茄和土豆之类的蔬菜，也可以成为制作电池的材料。

3．硬币制作电池

（1）把纸巾放入浓盐水中浸湿。

（2）将（1）中的湿纸巾夹在 1 角硬币与 5 角硬币之间。

（3）按（2）相同的做法做 7 次，把它们叠放起来。

（4）把发光二极管的阳极一端接在 1 角硬币上，阴极一端接在 5 角硬币上。

4．制作人体电池

（1）制作浓食盐水（50 mL 水中放入一大汤匙食盐），将两手浸入食盐水中。

（2）左手拿铝锅，右手拿不锈钢叉子，这样两手拿着不同金属的厨房用品。

（3）把你拿的厨房用品跟同伴的厨房用品用带接线夹的导线连接起来，两端连接二极管。

5．炭制电池

（1）用炭棒制作电池

① 先把纱布在浓食盐水中浸过，再用它包卷炭棒。

② 把比纱布短一点的铝箔包卷在纱布上。

③ 用塑料胶带把回形针固定在炭棒上。将带接线夹导线分别夹在铝箔和回形针上。

④ 把导线接在发光二极管上，观察现象。

（2）夹心式活性炭电池

① 打开冰箱用除臭剂盒子，取出活性炭。

② 在铝箔上铺上用浓盐水浸泡过的纱布，撒上活性炭，再放 1 片小铝箔盖

上。铝箔之间不能相互粘连。

③ 用导线将两片铝箔连接在发光二极管上，用手按压铝箔。

（3）用活性炭和铝罐制作强力电池

① 用剪刀把铝罐的上部剪掉，罐的内侧用砂纸打磨掉涂层。

② 把纸巾垫入①的铝罐中，用铝箔卷好筷子插在里面，在它的周围塞满活性炭。

③ 将饱和食盐水倒入②中。

④ 用一根导线夹在筷子上，然后把它们都连接到发光二极管上。

（4）用空胶卷筒和活性炭制作电池

① 将铝箔垫入空胶卷筒中，再在上面放入用浓食盐水浸泡过的纱布。

② 在①中插入钉子，再在它的周围塞满活性炭，用筷子把它压紧。

③ 用一根导线夹住钉子，另一根导线夹住铝箔。

④ 用导线连接发光二极管。

五、注意事项

（1）发光二极管长的一端是阳极，短的一端是阴极，注意不要把阳极与阴极接连错了。

（2）实验中要保证纸巾放入浓盐水中浸湿透。

（3）盐水要足够浓，尽量使用饱和溶液，否则不能达到效果。

（4）一定要用砂纸将铝罐的内侧涂层完全打磨掉。

（5）铝箔与铝箔之间不能相互粘连。

六、任务拓展

（1）盐水在实验中起到什么作用，还能用其他物质代替吗？

（2）为什么铝罐的内侧涂层要打磨掉？

（3）结合本次任务实施方案，请用生活中的物品再设计一种电池，并阐述原理。

任务三　铁、钴、镍系列微型实验

背景知识：铁、钴和镍位于周期表中ⅧB族，其性质相似，合称为铁系元素。含铁的主要矿物有磁铁矿（Fe_3O_4）、赤铁矿（Fe_2O_3）、褐铁矿 FeO 等。铁在地壳中的含量为 4.75%，仅次于氧、硅、铝，位居地壳中元素含量第四。纯铁用于制发电机和电动机的铁芯，铁及其化合物还用于制磁铁、药物、墨水、颜料、磨料等。此外，Fe^{2+}是血红蛋白的重要组成成分，能帮助人体运输氧气。

钴是银白色的金属，在常温下不和水作用，在潮湿的空气中也很稳定。钴的矿物或钴的化合物一直用作陶瓷、玻璃、珐琅的釉料。钴及其合金在电机、机械、化工、航空航天等部门得到广泛的应用，并成为一种重要的战略金属，消费量逐年增加。

镍近似银白色，硬而有延展性，并具有铁磁性，它能够高度磨光和抗腐蚀。镍属于亲铁元素。地核含镍量最高，是天然的镍铁合金。金属镍几乎没有急性毒性，一般的镍盐毒性也较低，但羰基镍却能产生很强的毒性。羰基镍以蒸气形式迅速由呼吸道吸收，也能由皮肤少量吸收，前者是作业环境中毒物侵入人体的主要途径。因为镍的抗腐蚀性好，常被用于电镀。镍主要用于制备合金（如镍钢和镍银）及用作催化剂（如拉内镍，尤指用作氢化的催化剂），也可用来制造货币等。

一、任务目标

（1）掌握二价和三价铁、钴、镍氢氧化物的制备和性质。

（2）了解铁、钴、镍的主要化合物与配合物的性质及其相互转化。

二、主要用品

仪器：微型吸滤装置、分析天平、温度计、电热炉。

药品：$CoCl \cdot 6H_2O$（s）、$NiCl \cdot 6H_2O$（s）、浓盐酸、HNO_3（6 mol·L^{-1}）、NaOH（2 mol·L^{-1}、6 mol·L^{-1}）、浓氨水、KSCN（饱和）、$K_4[Fe(CN)_6]$（15%）、$K_3[Fe(CN)_6]$（2%）、$FeCl_3$（5%）、Na_2CO_3（2.5 mol·L^{-1}）、Na_2S（0.5 mol·L^{-1}）、$Bi(NO_3)_2$（饱和）、$FeSO_4$（饱和）、$CuSO_4$（饱和）、$AgNO_3$（饱和）、单宁酸（5%）、乙二胺溶液（25%）、二乙酰二肟溶液（1%）、乙醇（95%）、淀粉-KI试纸。

三、方案构思

1. 喷雾成画实验

Fe^{2+}、Fe^{3+}均能形成多种有特殊颜色的配合物。例如，Fe^{3+}与SCN^-形成血红色的配合物：

$$Fe^{3+} + SCN^- \rightleftharpoons [Fe(SCN)]^{2+}$$

该反应用来检验Fe^{3+}的存在。

三氯化铁与苯酚溶液生成紫色的配合物：

$$6C_6H_5OH + FeCl_3 \longrightarrow H_3[Fe(-O-C_6H_5)_6] + 3HCl$$

此外，亚铁氰化钾（黄血盐）$K_4[Fe(CN)_6] \cdot 3H_2O$（s）为淡黄色，铁氰化钾（赤血盐）$K_3[Fe(CN)_6]$（s）为深红色。它们分别与 Fe^{3+}、Fe^{2+} 反应生成蓝色沉淀：

$$4Fe^{3+} + 3[Fe(CN)_6]^{4-} =\!=\!= Fe_4[Fe(CN)_6]_3 \downarrow （蓝色，普鲁士蓝）$$

$$2[Fe(CN)_6]^{3-} + 3Fe^{2+} =\!=\!= Fe_3[Fe(CN)_6]_2 （深蓝色，滕氏篮）$$

赤血盐与可溶性金属盐类反应生成不同颜色的物质

$$[Fe(CN)_6]^{3-} + Bi^{3+} =\!=\!= Bi[Fe(CN)_6] （黄棕色）$$

$$2[Fe(CN)_6]^{3-} + 3Cu^{2+} =\!=\!= Cu_3[Fe(CN)_6]_2 \downarrow （绿色）$$

$$[Fe(CN)_6]^{3-} + 3Ag^+ =\!=\!= Ag_3[Fe(CN)_6] \downarrow （橙色）$$

2. 冷热变色的钴盐实验

氯化钴有多种水合物，且其颜色各不相同，并在一定的温度下能相互转变。

$$CoCl \cdot 6H_2O \xrightleftharpoons{52.5\,℃} CoCl \cdot 2H_2O \xrightleftharpoons{90\,℃} CoCl \cdot H_2O \xrightleftharpoons{120\,℃} CoCl_2$$

　　粉红色　　　　　紫红色　　　　　蓝紫色　　　　蓝色

将氯化钴晶体溶解在乙醇中，当溶液受热时，乙醇就夺取 $CoCl_2 \cdot 6H_2O$ 晶体中的水分子而使溶液呈蓝色，水合物颜色逐渐变为粉红色。

Co^{2+} 与 SCN^- 反应生成 $[Co(SCN)_4]^{2-}$（蓝色），它在水溶液中不稳定，在丙酮或戊醇等有机溶剂中较为稳定，此反应用来鉴定 Co^{2+} 的存在：

$$Co^{2+} + 4SCN^- =\!=\!= [Co(SCN)]^{2-} （蓝色）$$

3. 镍系列趣味小实验

Ni^{2+} 与丁二酮肟在中性、弱酸性或弱碱性溶液中反应得到鲜红色的内配盐，酸性太强不利于内配盐的生成，碱性太强则生成 $Ni(OH)_2$ 沉淀，适宜的条件是 pH=5～10。此反应十分灵敏，常用来鉴定 Ni^{2+} 的存在。

$$Ni^{2+} + 2C_4H_8N_2O_2 =\!=\!= Ni(C_4H_7N_2O_2)_2 + 2H^+$$

四、实施过程

1. 喷雾成画实验

在一张白纸上用铅笔画上一幅有高山、天空、草地、云彩的画，然后分别用

饱和 $Bi(NO_3)_2$、$FeSO_4$、$CuSO_4$、$AgNO_3$ 溶液描绘出来，晾干。然后再用喷雾器喷洒 2% 的 $K_3[Fe(CN)_6]$ 溶液在白纸上，观察并记录实验现象，并解释之。

在白纸的空白处用 5% 的单宁酸溶液画上树枝，再在树枝上用饱和 KSCN 溶液画一朵花，用苯酚溶液画花蕊，用 15% 的 $K_4[Fe(CN)_6]$ 溶液画枝叶，晾干。将 5% $FeCl_3$ 溶液用喷雾器喷洒在"白纸"上，观察并记录实验现象，并解释之。

2. 冷热变色的钴盐实验

用钥匙取少许 $CoCl_2 \cdot 6H_2O$ 晶体置于试管中，加入无水乙醇，振荡使其溶解，观察溶液的颜色；再滴加约 16 滴蒸馏水，边加边振荡，观察红色的 $[Co(H_2O)_6]^{2+}$ 形成；再加入饱和 KSCN 溶液约 20 滴，观察溶液颜色的变化；再加入约 16 滴浓氨水，振荡，观察溶液颜色的变化；在空气中放置片刻后，观察溶液的颜色是否变化。记录上述系列实验现象，并解释之。

在另一支试管中注入约 1/3 容积的乙醇（95%）并加入少许红色氯化钴晶体，振荡使之溶解（必要时可加热），溶液变为蓝色。然后逐滴滴入冷水使之冷却，直到隐约出现淡红色为止。将试管用塞子塞紧，分别插入 40 ℃、50 ℃、60 ℃、70 ℃、80 ℃、90 ℃ 的水中，观察溶液颜色的变化，并解释之。

3. 变色的沉淀实验

取少许 $NiCl \cdot 6H_2O$ 晶体于试管中，滴加约 10 滴浓盐酸，使其溶解，观察溶液颜色；继续滴加 10 滴蒸馏水，振荡，观察溶液颜色的变化；再滴加 10 滴左右 $6 \, mol \cdot L^{-1}$ NaOH 溶液，然后逐滴加入 $2.5 \, mol \cdot L^{-1}$ Na_2CO_3 溶液，边加边振荡，直至无气泡放出、有黄绿色沉淀析出后再过量 2 滴；再逐滴加入 $6 \, mol \cdot L^{-1}$ HNO_3 溶液使沉淀刚好全部溶解，观察溶液的颜色；再滴加约 10 滴 $6 \, mol \cdot L^{-1}$ NaOH 溶液，观察 $Ni(OH)_2$ 沉淀的析出；再逐滴加入浓氨水约 6 滴（不得过量），观察沉淀的溶解及蓝紫色溶液的生成；再加入 1 滴 25% 乙二胺溶液，观察溶液颜色的变化；再加入几滴浓盐酸和 3~4 滴 1% 二乙酰二肟溶液，观察红色沉淀的析出（若无沉淀，可再滴加 1 滴浓盐酸）；再加入 4 滴浓盐酸和 5 滴 $0.5 \, mol \cdot L^{-1}$ Na_2S 溶液，观察黑色的 NiS 沉淀析出，（若无沉淀，再滴加 1 滴浓盐酸）。记录上述系列实验的现象，并解释之。

五、注意事项

（1）$Bi(NO_3)_2$、$FeSO_4$、$CuSO_4$、$AgNO_3$ 溶液尽量使用饱和溶液，现象会更明显。

（2）钴盐实验中一定要注意控制温度，并注意观察温度与颜色之间的关系。

六、任务拓展

（1）钴盐为何会变色？

（2）怎样鉴别 Fe^{3+}、Fe^{2+}、Co^{2+}、Ni^{2+}等离子？

（3）配制饱和 $FeSO_4$ 溶液时，如何有效防止 Fe^{2+} 被氧化成 Fe^{3+}？

主要参考书目

[1] 王传胜. 无机化学实验[M]. 北京：化学工业出版社，2009.

[2] 李梅君，徐志珍. 无机化学实验[M]. 北京：高等教育出版社，2007.

[3] 程亚梅，朱圣平. 无机化学实验[M]. 武汉：华中科技大学出版社，2010.

[4] 高职高专化学教材编写组. 无机化学实验[M]. 3 版. 北京：高等教育出版社，2001 年.

[5] 中山大学，等. 无机化学实验[M]. 北京：高等教育出版社，1992 年.

[6] 北京师范大学无机化学教研室，等. 无机化学实验[M]. 3 版. 北京：高等教育出版社，2001.

附 录

附录 A 国际相对原子质量表

[以相对原子质量 A_r（^{12}C）=12 为标准]

元素	符号	原子量	元素	符号	原子量	元素	符号	原子量	元素	符号	原子量
锕	Ac	227.0	铒	Er	167.3	锰	Mn	54.94	钌	Ru	101.1
银	Ag	107.9	锿	Es	252.1	钼	Mo	95.94	硫	S	32.06
铝	Al	26.98	铕	Eu	152.0	氮	N	14.01	锑	Sb	121.8
镅	Am	243.1	氟	F	19.00	钠	Na	22.99	钪	Sc	44.96
氩	Ar	39.95	铁	Fe	55.85	铌	Nb	92.91	硒	Se	78.96
砷	As	74.92	镄	Fm	257.1	钕	Nd	144.2	硅	Si	28.09
砹	At	210.0	钫	Fr	223.0	氖	Ne	20.18	钐	Sm	150.4
金	Au	197.0	镓	Ga	69.72	镍	Ni	58.69	锡	Sn	118.7
硼	B	10.81	钆	Gd	157.2	锗	No	259.1	锶	Sr	87.62
钡	Ba	137.3	锗	Ge	72.59	镎	Np	237.1	钽	Ta	180.9
铍	Be	9.012	氢	H	1.008	氧	O	16.00	铽	Tb	158.9
铋	Bi	209.0	氦	He	4.003	锇	Os	190.2	锝	Tc	98.91
锫	Bk	247.1	铪	Hf	178.5	磷	P	30.97	碲	Te	127.6
溴	Br	79.90	汞	Hg	200.5	镤	Pa	231.0	钍	Th	232.0
碳	C	12.01	钬	Ho	164.9	铅	Pb	207.2	钛	Ti	47.88
钙	Ca	40.08	碘	I	126.9	钯	Pd	106.4	铊	Tl	204.4
镉	Cd	112.4	铟	In	114.8	钷	Pm	144.9	铥	Tm	168.9
铈	Ce	140.1	铱	Ir	192.2	钋	Po	210.0	铀	U	238.0
锎	Cf	252.1	钾	K	39.10	镨	Pr	140.9	钒	V	50.94
氯	Cl	35.45	氪	Kr	83.30	铂	Pt	195.1	钨	W	183.9
锔	Cm	247.1	镧	La	138.9	钚	Pu	239.1	氙	Xe	131.2
钴	Co	58.93	锂	Li	6.941	镭	Ra	226.0	钇	Y	88.91
铬	Cr	52.00	铹	Lr	260.1	铷	Rb	35.47	镱	Yb	173.0
铯	Cs	132.9	镥	Lu	175.0	铼	Re	186.2	锌	Zn	65.38
铜	Cu	63.55	钔	Md	256.1	铑	Rh	102.9	锆	Zr	91.22

| 镝 | Dy | 162.5 | 镁 | Mg | 24.31 | 氡 | Rn | 222.0 | | | |

附录 B　常用指示剂

表 B-1　常用酸碱指示剂

名　称	变色 pH 范围	颜色变化	配制方法
百里酚蓝（0.1%）	1.2～2.8	红—黄	0.1 g 指示剂与 4.3 mL0.05 mol·L^{-1} NaOH 溶液一起研匀，加水稀释成 100 mL
	8.0～9.6	黄—蓝	
甲基橙（0.1%）	3.1～4.4	红—黄	将 0.1 g 甲基橙溶于 100 mL 热水
溴酚蓝（0.1%）	3.0～4.6	黄—紫蓝	0.1 g 溴酚蓝与 3 mL 0.05 mol·L^{-1} NaOH 溶液一起研磨均匀，加水稀释成 100 mL
溴甲酚（0.1%）	3.8～5.4	黄—蓝	0.01 g 指示剂与 21 mL0.05 mol·L^{-1} NaOH 溶液一起研匀，加水稀释成 100 mL
甲基红（0.1%）	4.8～6.0	红—黄	将 0.1 g 甲基红溶于 60 mL 乙醇中，加水至 100 mL
中性红（0.1%）	6.8～8.0	红—黄橙	将中性红溶于乙醇中，加水至 100 mL
酚酞（1%）	8.2～10.0	无色—淡红	将 1 g 酚酞溶于 90 mL 乙醇中，加水至 100 mL
百里酚酞（0.1%）	9.4～10.6	无色—蓝色	将 0.1 g 指示剂溶于 90 mL 乙醇中，加水至 100 mL
茜素黄（0.1% 混合指示剂）	10.1～12.1	黄—紫	将 0.1 g 茜素黄溶于 100 mL 水中
甲基红-溴甲酚绿	5.1	红—绿	3 份 0.1%溴甲酚绿乙醇溶液与 1 份 0.1% 甲基红乙醇溶液混合
百里酚酞-茜素黄 R	10.2	黄—紫	将 0.1 g 茜素黄和 0.2 g 百里酚酞溶于 100 mL 乙醇中
甲酚红-百里酚蓝	8.3	黄—紫	1 份 0.1%甲酚红钠盐水溶液与 3 份 0.1% 百里酚蓝钠盐水溶液
甲基黄（0.1%）	2.9～4.0	红—黄	0.1 g 指示剂溶于 100 mL90%乙醇中
苯酚红（0.1%）	6.8～8.4	黄—红	0.1 g 苯酚红溶于 100 mL60%乙醇中

表 B-2 常用氧化还原指示剂

名 称	变色范围 φ/V	颜 色		配 制 方 法
		氧化态	还原态	
二苯胺（1%）	0.76	紫	无色	将 1 g 二苯胺在搅拌下溶于 100 mL 浓硫酸和 100 mL 浓磷酸，储于棕色瓶中
二苯胺磺酸钠（0.5%）	0.85	紫	无色	将 0.5 g 二苯胺磺酸钠溶于 100 mL 水中，必要时过滤
邻菲罗啉-Fe（Ⅱ）（0.5%）	1.06	淡蓝	红	将 0.5 g $FeSO_4 \cdot 7H_2O$ 溶于 100 mL 水中，加两滴硫酸，加 0.5 g 邻菲罗啉
N-邻苯氨基苯甲酸（0.2%）	1.08	紫红	无色	将 0.2 g 邻苯氨基苯甲酸加热溶解在 100 mL 0.2% Na_2CO_3 溶液中，必要时过滤
淀粉（1%）	—	—	—	将淀粉加少许水调成浆状，在搅拌下加入 100 mL 沸水中，微沸 2 min，放置，取上层清液使用

附录 C 危险药品的分类、性质和管理

危险药品是指受光、热、空气、水或撞击等外界因素的影响，可能引起燃烧、爆炸的药品，或具有强腐蚀性、剧毒性的药品。常用危险药品按危害性可分为以下几类（表 C-1）。

表 C-1 常用危险药品

类 别		举 例	性 质	注意事项
1. 爆炸品		硝酸铵、苦味酸、三硝基甲苯	遇高热、摩擦、撞击等，引起剧烈反应，放出大量气体和热量，产生猛烈爆炸	存放于阴凉、低下处，轻拿轻放
2. 易燃品	易燃液体	丙酮、乙醚、甲醇、乙醇、苯等有机溶剂	沸点低，易挥发，遇火则燃烧，甚至引起爆炸	存放阴凉处，远离热源，使用时注意通风，不得有明火
	易燃固体	赤磷、硫、萘、硝化纤维	燃点低，受热、摩擦、撞击或遇氧化剂，可引起剧烈连续燃烧、爆炸	存放阴凉处，远离热源，使用时注意通风，不得有明火
	易燃气体	氢气、乙炔、甲烷	因撞击、受热引起燃烧，与空气按一定比例混合会爆炸	使用时注意通风，如为钢瓶气，不得在实验室存放
	遇水易燃品	钠、钾	遇水剧烈反应，产生可燃气体并放出热量，此反应热会引起燃烧	保存于煤油中，切勿与水接触
	自燃物品	黄磷	在适当温度下被空气氧化放热，达到沸点而引起自燃	保存于水中
3. 氧化剂		硝酸钾、氯酸钾、过氧化氢、过氧化钠、高锰酸钾	具有强氧化性，遇酸、受热，与有机物、易燃品、还原剂等混合时，因反应引起燃烧或爆炸	不得与易燃品、爆炸品、还原剂等一起存放
4. 剧毒品		氰化钾、三氧化二砷、升汞、氯化钡	剧毒，少量侵入人体（误食或接触伤口）引使中毒，甚至死亡	专人、专柜保管，现用现领，用后的剩余物，不论是固体或液体都应交回保管人，并应设有使用登记制度
5. 腐蚀性药品		强酸、强碱、氟化氢、溴、酚	具有强腐蚀性，触及物品造成腐蚀、破坏，触及人体皮肤引起化学烧伤	不要与氧化剂、易燃品、爆炸品放在一起

附录 D 某些试剂的配制

名　称	浓　度	配制方法
萘斯勒试剂		取 11.55 g HgI_2 和 8 g KI 溶于水中，稀释至 50 mL，再加入 50 mL 6 mol·L^{-1} NaOH 溶液，静置后取其清夜，储于棕色瓶中
醋酸双氧铀锌		1）溶解 10 g 醋酸双氧铀于 15 mL 6 mol·L^{-1} HAc 溶液中，微热，并搅拌使其溶解，加水至 100 mL 2）另取醋酸锌[Zn(Ac)$_2$·2H$_2$O] 30 g 溶于 15 mL 6 mol·L^{-1} HAc 溶液中，搅拌，加水稀释至 100 mL 3）将上述两种溶液加热至 70 ℃ 后混合，放置 24 h 后，取其清液储于棕色瓶中
钴亚硝酸钠 $Na_3[Co(NO_2)_6]$		溶解 23 g NaNO$_2$ 于 50 mL 水中，加 16.5 mL 6 mol·L^{-1} HAc，3 g Co(NO$_3$)$_2$·H$_2$O，放置 24 h，取其清液，稀释至 100 mL，储于棕色瓶
镁试剂	0.01 g·L^{-1}	取 0.01 g 镁试剂（对硝基苯偶氮间苯二酚）溶于 1 L 1 mol·L^{-1} NaOH 溶液中
碘水	0.01 mol·L^{-1}	取 2.5 g 碘和 3 g KI，加入尽可能少的水中，搅拌至碘完全溶解，加水稀释至 1 L
淀粉溶液	5 g·L^{-1}	将 1 g 可溶性淀粉加入 100 mL 冷水调和均匀，将所得乳浊液在搅拌下倾入 200 mL 沸水中，煮沸 2～3 min 使溶液透明，冷却即可
KI-淀粉溶液		0.5%淀粉溶液中含有 0.1 mol·L^{-1} KI
铬酸洗液		将 25 g 重铬酸钾溶于 50 mL 水中，加热溶解。冷却后，向该溶液缓慢加入 450 mL 浓硫酸，边加边搅拌，冷却即可。切勿将重铬酸钾溶液加到硫酸中
硝酸亚汞 $Hg_2(NO_3)_2$	0.1 mol·L^{-1}	取 56.1 g Hg$_2$(NO$_3$)$_2$·2H$_2$O 溶于 250 mL 6 mol·L^{-1} HNO$_3$ 中，加水稀释至 1 L，并加入少量金属汞
硫化钠 Na_2S	1 mol·L^{-1}	取 240 g Na$_2$S·9H$_2$O 和 40 g NaOH 溶于水中，稀释至 1 L，混匀
硫化铵 $(NH_4)_2S$	3 mol·L^{-1}	在 200 mL 浓氨水中通入 H$_2$S 气体至饱和，再加入 200 mL 浓氨水，稀释至 1 L，混匀
碳酸铵 $(NH_4)_2CO_3$	1 mol·L^{-1}	将 96 g (NH$_4$)$_2$CO$_3$ 研细，溶于 1 L 2 mol·L^{-1} 氨水中
硫酸铵 $(NH_4)_2SO_4$	饱和	将 50 g(NH$_4$)$_2$SO$_4$ 溶于 100 mL 热水中，冷却后过滤
钼酸铵 $(NH_4)_2MoO_4$	0.1 mol·L^{-1}	取 124 g (NH$_4$)$_2$MoO$_4$ 溶于 1 L 水中，然后将所得溶液倒入 1L 6 mol·L^{-1} HNO$_3$ 中，放置 24 h，取其清液

氯水		在水中通入氯气至饱和。25 ℃时，氯的溶解度为 199 mL/100 g H_2O
溴水		将 50 g（16 mL）液溴注入有 1 L 水的磨口瓶中，剧烈振荡 2 h。每次振荡后将塞子微开，使溴蒸气放出。将清液倒入试剂瓶中备用。溴在 20 ℃ 的溶解度为 3.58 g/100 g H_2O
镍试剂	$10\ g\cdot L^{-1}$	溶解 10 g 镍试剂（丁二酮肟）于 1 L 95%乙醇溶液中
硫氰酸汞铵	$0.15\ mol\cdot L^{-1}$	取 8 g $HgCl_2$、9 g NH_4SCN 溶于水中，贮于棕色瓶中
对-氨基苯黄酸	0.34%	将 0.5 g 对-氨基苯黄酸溶于 150 mL 2 $mol\cdot L^{-1}$ HAc 中
α-苯胺	0.12%	将 0.3 g α-苯胺溶于 20 mL 水中，加热煮沸后，在所得溶液中加入 150 mL 2 $mol\cdot L^{-1}$ HAc
二苯硫腙	0.01%	将 0.01 g 二苯硫腙溶于 100 mL CCl_4 中
硫脲	10%	取 10 g 硫脲溶于 100 mL 1 $mol\cdot L^{-1}$ HNO_3 中
二苯胺	1%	将 1 g 二苯胺在搅拌下溶于 100 mL 浓硫酸
三氯化锑 $SbCl_3$	$0.1\ mol\cdot L^{-1}$	取 22.8 g $SbCl_3$ 溶于 330 mL 6 $mol\cdot L^{-1}$ HCl 中，加水稀释至 1 L
三氯化铋 $BiCl_3$	$0.1\ mol\cdot L^{-1}$	取 31.6 g $BiCl_3$ 溶于 330 mL 6 $mol\cdot L^{-1}$ HCl 中，加水稀释至 1 L
氯化亚锡 $SnCl_2$	$0.1\ mol\cdot L^{-1}$	取 22.6 g $SnCl_2\cdot 2H_2O$ 溶于 330 mL 6 $mol\cdot L^{-1}$ HCl 中，加水稀释至 1 L，加入几粒纯锡，以防氧化
三氯化铁 $FeCl_3$	$1\ mol\cdot L^{-1}$	取 90 g $FeCl_3\cdot 6H_2O$ 溶于 80 mL 6 $mol\cdot L^{-1}$ HCl 中，加水稀释至 1 L
三氯化铬 $CrCl_3$	$0.5\ mol\cdot L^{-1}$	取 44.5 g $CrCl_3\cdot 6H_2O$ 溶于 40 mL 6 $mol\cdot L^{-1}$ HCl 中，加水稀释至 1 L
硫酸亚铁 $FeSO_4$	$0.1\ mol\cdot L^{-1}$	取 69.5 g $FeSO_4\cdot 7H_2O$ 溶于适量的水中，缓慢加入 5 mL 浓硫酸，再用水稀释至 1 L，并加入数枚小铁钉，以防氧化
二苯碳酰二肼	$0.4\ g\cdot L^{-1}$	0.04 g 二苯碳酰二肼溶于 20 mL 95%乙醇中，边搅拌，边加入 80 mL（1:9）硫酸（存于冰箱中可用一个月）
硝酸铅 $Pb(NO_3)_2$	$0.25\ mol\cdot L^{-1}$	取 83 g $Pb(NO_3)_2$ 溶于少量水中，加入 15 mL 6 $mol\cdot L^{-1}$ HNO_3 中，用水稀释至 1 L
亚硝酰铁氰化钠 $Na_2[Fe(CN)_5NO]$	1%	溶解 1 g 亚硝酰铁氰化钠于 100 mL 水中。如溶液变成蓝色，即需重新配制（只能保存数天）
硫酸氧钛 $TiOSO_4$		溶解 19 g 液态 $TiCl_4$ 于 220 mL 1:1 H_2SO_4 中，再用水稀释至 1 L（注意：液态 $TiCl_4$ 在空气中强烈发烟，因此必须在通风橱中配制）
氯化氧钒 VO_2Cl		将 1 g 偏钒酸铵固体加入 20 mL 6 $mol\cdot L^{-1}$ 盐酸和 10 mL 水中

附录 E 常用缓冲溶液的配制

缓冲溶液组成	pK_a	缓冲溶液 pH 值	缓冲溶液配制方法
氨基乙酸-HCl	2.35（pK_{a1}）	2.3	取氨基乙酸 150 g 溶于 500 mL 水中后，加浓 HCl 80 mL，再加水稀至 1 L
H$_3$PO$_4$-柠檬酸盐		2.5	取 Na$_2$HPO$_4$·12H$_2$O 113 g 溶于 200 mL 水中，加柠檬酸 387 g，溶解，过滤后，稀至 1 L
一氯乙酸-NaOH	2.86	2.8	取 200 g 一氯乙酸溶于 200 mL 水中，加 NaOH 40 g，溶解后，稀至 1 L
邻苯二甲酸氢钾-HCl	2.95（pK_{a1}）	2.9	取 500 g 邻苯二甲酸氢钾溶于 500 mL 水中，加浓 HCl 80 mL，稀至 1 L
甲酸-NaOH	3.76	3.7	取 95 g 甲酸和 NaOH 40 g 于 500 mL 水中，稀至 1 L
NH$_4$Ac-HAc		4.5	取 NH$_4$Ac 77 g 溶于 200 mL 水中，加冰醋酸 59 mL，稀至 1 L
NaAc-HAc	4.74	4.7	取无水 NaAc 83 g 溶于水中，加冰醋酸 60 mL，稀至 1 L
NH$_4$Ac-HAc		5.0	取 NH$_4$Ac 250 g 溶于水中，加冰醋酸 25 mL，稀至 1 L
六亚甲基四胺-HCl	5.15	5.4	取六亚甲基四胺 40 g 于 200 mL 水中，加浓 HCl 10 mL，稀至 1 L
NH$_4$Ac-HAc		6.0	取 NH$_4$Ac 600 g 溶于水中，加冰醋酸 20 mL，稀至 1 L
NaAc- Na$_2$HPO$_4$		8.0	取无水 NaAc 50 g 和 Na$_2$HPO$_4$·12H$_2$O 50 g，溶于水中，稀至 1 L
Tris[三羟甲基氨基甲烷 H$_2$NC(HOCH$_3$)$_3$]-HCl	8.21	8.2	取 25 g Tris 试剂溶于水中，加浓 HCl 8 mL，稀至 1 L
NH$_3$-NH$_4$Cl	9.26	9.2	取 NH$_4$Cl 54 g 溶于水中，加浓氨水 63 mL，稀至 1 L
NH$_3$-NH$_4$Cl	9.26	9.5	取 NH$_4$Cl 54 g 溶于水中，加浓氨水 126 mL，稀至 1 L
NH$_3$-NH$_4$Cl	9.29	10.0	取 NH$_4$Cl 54 g 溶于水中，加浓氨水 350 mL，稀至 1 L

注：1) 缓冲溶液配制后可用 pH 试纸检查。如 pH 值不对，可用共轭酸或碱调节。欲精确调节时，可用 pH 计测量。

2) 若需增加或减少缓冲溶液的缓冲容量，可相应增加或减少共轭酸碱对的物质的量，然后按上述调节。

附录 F 某些离子和化合物的颜色

离子或化合物	颜色	离子或化合物	颜色
Ag^+	无	$Ba_3(PO_4)_2$	白
$AgBr$	淡黄	$BaSO_3$	白
$AgCl$	白	$BaSO_4$	白
$AgCN$	白	BaS_2O_3	白
Ag_2CO_3	白	Bi^{3+}	无
$Ag_2C_2O_4$	白	$BiOCl$	白
Ag_3PO_4	黄	Bi_2O_3	黄
$Ag_4P_2O_7$	白	$Bi(OH)_3$	白
Ag_2S	黑	$BiO(OH)$	灰黄
$AgSCN$	白	$Bi(OH)CO_3$	白
Ag_2SO_3	白	$BiONO_3$	白
Ag_2SO_4	白	Bi_2S_3	黑
$Ag_2S_2O_3$	白	Ca^{2+}	无
Ag_2CrO_4	砖红	$CaCO_3$	白
$Ag_3[Fe(CN)_6]$	橙	CaC_2O_4	白
$Ag_4[Fe(CN)_6]$	白	CaF_2	白
AgI	黄	CaO	白
$AgNO_2$	白	$Ca(OH)_2$	白
Ag_2O	褐	$CaHPO_4$	白
As_2S_3	黄	$Ca_3(PO_4)_2$	白
As_2S_5	黄	$CaSO_3$	白
Ba^{2+}	无	$CaSO_4$	白
$BaCO_3$	白	$CaSiO_3$	白
BaC_2O_4	白	Cd^{2+}	无
$BaCrO_4$	黄	$CdCO_3$	白
$BaHPO_4$	白	CdC_2O_4	白

离子或化合物	颜色	离子或化合物	颜色
$Cd_3(PO_4)_2$	白	$Cr(OH)_3$	灰绿
CdS	黄	$Cr_2(SO_4)_3$	桃红
Co^{2+}	粉红	$Cr_2(SO_4)_3 \cdot 6H_2O$	绿
$CoCl_2$	蓝	$Cr_2(SO_4)_3 \cdot 18H_2O$	蓝紫
$CoCl_2 \cdot 2H_2O$	紫红	Cu^{2+}	蓝
$CoCl_2 \cdot 6H_2O$	粉红	$CuBr$	白
$[Co(CN)_6]^{3-}$	紫	$CuCl$	白
$[Co(CN)_6]^{4+}$	黄	$CuCl_2$	无
$Co(CN)_2$	橙黄	$[CuCl_4]^{2-}$	黄
CoO	灰绿	$CuCN$	白
Co_2O_3	黑	$Cu_2[Fe(CN)_6]$	红棕
$Co(OH)_2$	粉红	CuI	白
$Co(OH)_3$	棕褐	$Cu(IO_3)_2$	淡蓝
$Co(OH)Cl$	蓝	$[Cu(NH_3)_4]^{2+}$	深蓝
$Co_2(OH)_2CO_3$	红	$[Cu(NH_3)_2]^+$	无
$Co_3(PO_4)_2$	紫	CuO	黑
CoS	黑	Cu_2O	暗红
$[Co(SCN)_4]^{2-}$	蓝	$Cu(OH)_2$	浅蓝
$CoSiO_3$	紫	$[Cu(OH)_4]^{2-}$	蓝
$CoSO_4 \cdot 7H_2O$	红	$Cu_2(OH)_2CO_3$	淡蓝
Cr^{2+}	蓝	$Cu_3(PO_4)_2$	淡蓝
Cr^{3+}	蓝紫	CuS	黑
$CrCl_3 \cdot 6H_2O$	绿	Cu_2S	深棕
Cr_2O_3	绿	$CuSCN$	白
CrO_3	橙红	$CuSO_4 \cdot 5H_2O$	蓝
CrO_2	绿	Fe^{2+}	浅绿
CrO_4^{2-}	黄	Fe^{3+}	淡紫
$Cr_2O_7^{2-}$	橙	$FeCl_3 \cdot 6H_2O$	黄棕

离子或化合物	颜色	离子或化合物	颜色
$[Fe(CN)_6]^{4-}$	黄	I_2	紫
$[Fe(CN)_6]^{3-}$	红棕	I_3^-	棕黄
$FeCO_3$	白	$K[Fe(CN)_6Fe]$	蓝
$FeC_2O_4 \cdot 2H_2O$	淡黄	$KHC_4H_4O_6$	白
$[FeF_6]^{3-}$	无	$K_2Na[Co(NO_2)_6]$	黄
$[Fe(HPO_4)_2]^-$	无	$K_3[Co(NO_2)_6]$	黄
FeO	黑	$K_2[PtCl_6]$	黄
Fe_2O_3	砖红	$MgCO_3$	白
Fe_3O_4	黑	MgC_2O_4	白
$Fe(OH)_2$	白	MgF_2	白
$Fe(OH)_3$	红棕	$MgNH_4PO_4$	白
$FePO_4$	浅黄	$Mg(OH)_2$	白
FeS	黑	$Mg_2(OH)_2CO_3$	白
Fe_2S_3	黑	Mn^{2+}	肉色
$[Fe(SCN)]^{2+}$	血红	$MnCO_3$	白
$Fe_2(SiO_3)_3$	棕红	MnC_2O_4	白
Hg^+	无	MnO_4^{2-}	绿
Hg_2^{2+}	无	MnO_4^-	紫红
$[HgCl_4]^{2-}$	无	MnO_2	棕
Hg_2Cl_2	白	$Mn(OH)_2$	白
HgI_2	红	MnS	肉色
$[HgI_4]^{2-}$	无	$NaBiO_3$	黄
Hg_2I_2	黄	$Na[Sb(OH)_6]$	白
$HgNH_2Cl$	白	$NaZn(UO_2)_3(Ac)_9 \cdot 9H_2O$	黄
HgO	红或黄	$(NH_4)_2Fe(SO_4)_2 \cdot 6H_2O$	蓝绿
HgS	黑或红	$NH_4Fe(SO_4) \cdot 12H_2O$	浅紫
Hg_2S	黑	$(NH_4)_3PO_4 \cdot 12MoO_3 \cdot 6H_2O$	黄
Hg_2SO_4	白	Ni^{2+}	亮绿

离子或化合物	颜色	离子或化合物	颜色
$[Ni(CN)_4]^{2-}$	黄	SbS_3^{2-}	无
$NiCO_3$	绿	SbS_4^{3-}	无
$[Ni(NH_3)_6]^{2+}$	蓝紫	SnO	黑或绿
NiO	暗绿	SnO_2	白
Ni_2O_3	黑	$Sn(OH)_2$	白
$Ni(OH)_2$	淡绿	$Sn(OH)_4$	白
$Ni(OH)_3$	黑	$Sn(OH)Cl$	白
$Ni_2(OH)_2CO_3$	浅绿	SnS	棕
$Ni_3(PO_4)_2$	绿	SnS_2	黄
NiS	黑	SnS_3^{2-}	无
Pb^{2+}	无	$SrCO_3$	白
$PbBr$	白	SrC_2O_4	白
$PbCl_2$	白	$SrCrO_4$	黄
$[PbCl_4]^{2-}$	无	$SrSO_4$	白
$PbCO_3$	白	Ti^{3+}	紫
PbC_2O_4	白	TiO^{2+}	无
$PbCrO_4$	黄	$[Ti(H_2O)]^{2+}$	橘黄
PbI_2	黄	V^{2+}	蓝紫
PbO	黄	V^{3+}	绿
PbO_2	棕褐	VO^{2+}	蓝
Pb_3O_4	红	VO_2^+	黄
$Pb(OH)_2$	白	VO_3^-	无
$Pb_2(OH)_2CO_3$	白	V_2O_5	红棕
PbS	黑	ZnC_2O_4	白
$PbSO_4$	白	$[Zn(NH_3)_4]^{2+}$	无
$[SbCl_6]^{3-}$	无	ZnO	白
$[SbCl_6]^-$	无	$[Zn(OH)_4]^{2-}$	无
Sb_2O_3	白	$Zn(OH)_2$	白
Sb_2O_5	淡黄	$Zn_2(OH)_2CO_3$	白
$SbOCl$	白	ZnS	白
$Sb(OH)_3$	白		

附录 G 弱酸、弱碱在水中的离解常数（25℃）

弱酸	分子式	K_a	pK_a
砷酸	H_3AsO_4	6.3×10^{-3}（K_{a1}） 1.0×10^{-7}（K_{a2}） 3.2×10^{-12}（K_{a3}）	2.20 7.00 11.50
亚砷酸	$HAsO_2$	6.0×10^{-10}	9.22
硼酸	H_3BO_3	5.8×10^{-10}	9.24
焦硼酸	$H_2B_4O_7$	1.0×10^{-4}（K_{a1}） 1.0×10^{-9}（K_{a2}）	4 9
碳酸	H_2CO_3（$CO_2 +$ H_2O）	4.2×10^{-7}（K_{a1}） 5.6×10^{-11}（K_{a2}）	6.38 10.25
氢氰酸	HCN	6.2×10^{-10}	9.21
铬酸	H_2CrO_4	1.8×10^{-1}（K_{a1}） 3.2×10^{-7}（K_{a2}）	0.74 6.50
氢氟酸	HF	6.6×10^{-4}	3.18
亚硝酸	HNO_2	5.1×10^{-4}	3.29
过氧化氢	H_2O_2	1.8×10^{-12}	11.75
磷酸	H_3PO_4	7.6×10^{-3}（K_{a1}） 6.3×10^{-8}（K_{a2}） 4.4×10^{-13}（K_{a3}）	2.12 7.20 12.36
焦磷酸	$H_4P_2O_7$	3.0×10^{-2}（K_{a1}） 4.4×10^{-3}（K_{a2}） 2.5×10^{-7}（K_{a3}） 5.6×10^{-10}（K_{a4}）	1.52 2.36 6.60 9.25

弱酸	分子式	K_a	pK_a
亚磷酸	H_3PO_3	5.0×10^{-2}（K_{a1}） 2.5×10^{-7}（K_{a2}）	1.30 6.60
氢硫酸	H_2S	1.3×10^{-7}（K_{a1}） 7.1×10^{-15}（K_{a2}）	6.88 14.15
硫酸	HSO_4	1.0×10^{-2}（K_{a1}）	1.99
亚硫酸	H_3SO_3（$SO_2 + H_2O$）	1.3×10^{-2}（K_{a1}） 6.3×10^{-8}（K_{a2}）	1.90 7.20
偏硅酸	H_2SiO_3	1.7×10^{-10}（K_{a1}） 1.6×10^{-12}（K_{a2}）	9.77 11.8
甲酸	$HCOOH$	1.8×10^{-4}	3.74
乙酸	CH_3COOH	1.8×10^{-5}	4.74
一氯乙酸	$CH_2ClCOOH$	1.4×10^{-3}	2.86
二氯乙酸	$CHCl_2COOH$	5.0×10^{-2}	1.30
三氯乙酸	CCl_3COOH	0.23	0.64
氨基乙酸盐	$^+NH_3CH_2COOH^-$ $^+NH_3CH_2COO^-$	4.5×10^{-3}（K_{a1}） 2.5×10^{-10}（K_{a2}）	2.35 9.60
抗坏血酸		5.0×10^{-5}（K_{a1}） 1.5×10^{-10}（K_{a2}）	4.30 9.82
乳酸	$CH_3CHOHCOOH$	1.4×10^{-4}	3.86
苯甲酸	C_6H_5COOH	6.2×10^{-5}	4.21
草酸	$H_2C_2O_4$	5.9×10^{-2}（K_{a1}） 6.4×10^{-5}（K_{a2}）	1.22 4.19
d-酒石酸	$CH(OH)COOH$ $\mid$ $CH(OH)COOH$	9.1×10^{-4}（K_{a1}） 4.3×10^{-5}（K_{a2}）	3.04 4.37

弱酸	分子式	K_a	pK_a
邻-苯二甲酸	(邻苯二甲酸结构, COOH, COOH)	1.1×10^{-3}（$K_{a1}>$） 3.9×10^{-6}（K_{a2}）	2.95 5.41
柠檬酸	CH$_2$COOH CH(OH)COOH CH$_2$COOH	7.4×10^{-4}（K_{a1}） 1.7×10^{-5}（K_{a2}） 4.0×10^{-7}（K_{a3}）	3.13 4.76 6.40
苯酚	C_6H_5OH	1.1×10^{-10}	9.95
联氨	H_2NNH_2	3.0×10^{-6}（K_{b1}） 1.7×10^{-5}（K_{b2}）	5.52 14.12
氨水	NH_3	1.8×10^{-5}	4.74
乙二胺四乙酸	$H_6—EDTA^{2+}$ $H_5—EDTA^+$ $H_4—EDTA$ $H_3—EDTA^-$ $H_2—EDTA^{2-}$ $H—EDTA^{3-}$	0.13（K_{a1}） 3×10^{-2}（K_{a2}） 1×10^{-2}（K_{a3}） 2.1×10^{-3}（K_{a4}） 6.9×10^{-7}（K_{a5}） 5.5×10^{-11}（K_{a6}）	0.9 1.6 2.0 2.67 6.17 10.26
联氨	H_2NNH_2	3.0×10^{-6}（K_{b1}） 1.7×10^{-5}（K_{b2}）	5.52 14.12
羟胺	NH_2OH	9.1×10^{-9}	8.04
甲胺	CH_3NH_2	4.2×10^{-4}	3.38
乙胺	$C_2H_5NH_2$	5.6×10^{-4}	3.25
二甲胺	$(CH_3)_2NH$	1.2×10^{-4}	3.93
二乙胺	$(C_2H_5)_2NH$	1.3×10^{-3}	2.89
乙醇胺	$HOCH_2CH_2NH_2$	3.2×10^{-5}	4.50
三乙醇胺	$(HOCH_2CH_2)_3N$	5.8×10^{-7}	6.24
六次甲基四胺	$(CH_2)_6N_4$	1.4×10^{-9}	8.85
乙二胺	$H_2NCH_2CH_2NH_2$	8.5×10^{-5}（K_{b1}） 7.1×10^{-8}（K_{b2}）	4.07 7.15
吡啶	(吡啶结构, N)	1.7×10^{-9}	8.77

附录 H　微溶化合物的溶度积（25 ℃）

微溶化合物	K_{sp}	pK_{sp}	微溶化合物	K_{sp}	pK_{sp}
Ag_3AsO_4	1.0×10^{-22}	22.0	$Ca_3(PO_4)_2$	2.0×10^{-29}	28.70
$AgBr$	5.0×10^{-13}	12.30	$CaSO_4$	9.1×10^{-6}	5.04
Ag_2CO_3	8.1×10^{-12}	11.09	$CaWO_4$	8.7×10^{-9}	8.06
$AgCl$	1.8×10^{-10}	9.75	$CdCO_3$	5.2×10^{-12}	11.28
Ag_2CrO_4	2.0×10^{-12}	11.71	$Cd_2[Fe(CN)_6]$	3.2×10^{-17}	16.49
$AgCN$	1.2×10^{-16}	15.92	$Cd(OH)_2$（新析出）	2.5×10^{-14}	13.60
$AgOH$	2.0×10^{-8}	7.71	$CdC_2O_4 \cdot 3H_2O$	9.1×10^{-8}	7.04
AgI	9.3×10^{-17}	16.03	CdS	8.0×10^{-27}	26.1
$Ag_2C_2O_4$	3.5×10^{-11}	10.46	$CoCO_3$	1.4×10^{-13}	12.84
Ag_3PO_4	1.4×10^{-16}	15.84	$Co_2[Fe(CN)_6]$	1.8×10^{-15}	14.74
Ag_2SO_4	1.4×10^{-5}	4.48	$Co(OH)_2$（新析出）	2.0×10^{-15}	14.7
Ag_2S	2.0×10^{-49}	48.7	$Co(OH)_3$	2.0×10^{-44}	43.7
$AgSCN$	1.0×10^{-12}	12.00	$Co[Hg(SCN)_4]$	1.5×10^{-3}	5.82
$Al(OH)_3$（无定形）	1.3×10^{-33}	32.9	$\alpha\text{-}CoS$	4.0×10^{-21}	20.4
As_2S_3 ①	2.1×10^{-22}	21.68	$\beta\text{-}CoS$	2.0×10^{-25}	24.7
$BaCO_3$	5.1×10^{-9}	8.29	$Co_3(PO_4)_2$	2.0×10^{-35}	34.7
$BaCrO_4$	1.2×10^{-10}	9.93	$Cr(OH)_3$	6×10^{-31}	30.2
BaF_2	1.0×10^{-6}	6.0	$CuBr$	5.2×10^{-9}	8.28
$BaC_2O_4 \cdot H_2O$	2.3×10^{-8}	7.64	$CuCl$	1.2×10^{-8}	5.92
$BaSO_4$	1.1×10^{-10}	9.96	$CuCN$	3.2×10^{-20}	19.49
$Bi(OH)_3$	4.0×10^{-31}	30.4	CuI	1.1×10^{-12}	11.96
$BiOOH$ ②	4.0×10^{-10}	9.4	$CuOH$	1.0×10^{-14}	14.0
BiI_3	8.1×10^{-19}	18.09	Cu_2S	2.0×10^{-48}	47.7
$BiOCl$	1.8×10^{-31}	30.75	$CuSCN$	4.8×10^{-15}	14.32
$BiPO_4$	1.3×10^{-23}	22.89	$CuCO_3$	1.4×10^{-10}	9.86
Bi_2S_3	1.0×10^{-97}	97.0	$Cu(OH)_2$	2.2×10^{-20}	19.66
$CaCO_3$	2.9×10^{-9}	8.54	CuS	6.0×10^{-36}	35.2
CaF_2	2.7×10^{-11}	10.57	$FeCO_3$	3.2×10^{-11}	10.50
$CaC_2O_4 \cdot H_2O$	2.0×10^{-9}	8.70	$Fe(OH)_2$	8.0×10^{-16}	15.1

微溶化合物	K_{sp}	pK_{sp}	微溶化合物	K_{sp}	pK_{sp}
PbClF	2.4×10^{-9}	8.62	FeS	6×10^{-15}	17.2
PbCrO$_4$	2.8×10^{-13}	12.55	Fe(OH)$_3$	4.0×10^{-38}	37.4
PbF$_2$	2.7×10^{-8}	7.57	FePO$_4$	1.3×10^{-22}	21.89
Pb(OH)$_2$	1.2×10^{-15}	14.93	Hg$_2$Br$_2$①	5.8×10^{-23}	22.24
PbI$_2$	7.1×10^{-9}	8.15	Hg$_2$CO$_3$	8.9×10^{-17}	16.05
PbMoO$_4$	1.0×10^{-13}	13.0	Hg$_2$Cl$_2$	1.3×10^{-18}	17.88
Pb$_3$(PO$_4$)$_2$	8.0×10^{-43}	42.10	Hg$_2$(OH)$_2$	2.0×10^{-24}	23.7
PbSO$_4$	1.6×10^{-8}	7.79	Hg$_2$I$_2$	4.5×10^{-29}	28.35
PbS	8.0×10^{-28}	27.9	Hg$_2$SO$_4$	7.4×10^{-7}	6.13
Pb(OH)$_4$	3.0×10^{-66}	65.5	Hg$_2$S	1.0×10^{-47}	47.0
Sb(OH)$_3$	4.0×10^{-42}	41.4	Hg(OH)$_2$	3.0×10^{-26}	25.52
Sb$_2$S$_3$	2.0×10^{-93}	92.8	HgS（红色）	4.0×10^{-53}	52.4
Sn(OH)$_2$	1.4×10^{-28}	27.85	HgS（黑色）	2.0×10^{-52}	51.7
SnS	1.0×10^{-25}	25.0	MgNH$_4$PO$_4$	2.0×10^{-13}	12.7
Sn(OH)$_4$	1.0×10^{-56}	56.0	MgCO$_3$	3.5×10^{-8}	7.46
SnS$_2$	2.0×10^{-27}	26.7	MgF$_2$	6.4×10^{-9}	8.19
SrCO$_3$	1.1×10^{-10}	9.96	Mg(OH)$_2$	1.8×10^{-11}	10.74
SrCrO$_4$	2.2×10^{-5}	4.65	MgCO$_3$	1.8×10^{-11}	10.74
SrF$_2$	2.4×10^{-9}	8.61	Mn(OH)$_2$	1.9×10^{-13}	12.72
SrC$_2$O$_4 \cdot$H$_2$O	1.6×10^{-7}	6.80	MnS（无定形）	2.0×10^{-10}	9.7
Sr$_3$(PO$_4$)$_2$	4.1×10^{-28}	27.39	MnS（晶形）	2.0×10^{-13}	12.7
SrSO$_4$	3.2×10^{-7}	6.49	NiCO$_3$	6.6×10^{-9}	8.18
Ti(OH)$_3$	1.0×10^{-40}	40.0	Ni(OH)$_2$（新析出）	2.0×10^{-15}	14.7
TiO(OH)$_2$②	1.0×10^{-29}	29.0	Ni$_3$(PO$_4$)$_2$	5.0×10^{-31}	30.3
ZnCO$_3$	1.4×10^{-11}	10.84	α-NiS	3.0×10^{-19}	18.5
Zn$_2$[Fe(CN)$_3$]	4.1×10^{-16}	15.39	β-NiS	1.0×10^{-24}	24.0
Zn(OH)$_2$	1.2×10^{-17}	16.92	γ-NiS	2.0×10^{-36}	25.7
Zn$_3$(PO$_4$)$_2$	9.1×10^{-33}	32.04	PbCO$_3$	7.4×10^{-14}	13.13
ZnS	2.0×10^{-22}	21.7	PbCl$_2$	1.6×10^{-5}	4.79

附录 I 常用酸碱浓度表

试剂名称	分子量	质量分数/%	相对密度	浓度/mol·L^{-1}
冰乙酸	60.05	99.5	1.05（约）	17（CH_3COOH）
乙酸	60.05	36	1.04	6.3（CH_3COOH）
甲酸	46.02	90	1.20	23（$HCOOH$）
盐酸	36.5	36～38	1.18（约）	12（HCl）
硝酸	63.02	65～68	1.4	16（HNO_3）
高氯酸	100.5	70	1.67	12（$HClO_4$）
磷酸	98.0	85	1.70	15（H_3PO_4）
硫酸	98.1	96～98	1.84（约）	18（H_2SO_4）
氨水	17.0	25～28	0.8～8（约）	15（$NH_3·H_2O$）

附录 J　酸碱盐的溶解性表（20 ℃）

阳离子	阴离子								
	OH^-	NO_3^-	Cl^-	SO_4^{2-}	S^{2-}	SO_3^{2-}	CO_3^{2-}	SiO_3^{2-}	PO_4^{3-}
H^+	—	溶，挥	溶，挥	溶	溶，挥	溶，挥	溶，挥	微	溶
NH_4^+	溶，挥	溶	溶	溶	溶	溶	溶	溶	溶
K^+	溶	溶	溶	溶	溶	溶	溶	溶	溶
Na^+	溶	溶	溶	溶	溶	溶	溶	溶	溶
Ba^{2+}	溶	溶	溶	不	—	不	不	不	不
Ca^{2+}	微	溶	溶	微	—	不	不	不	不
Mg^{2+}	不	溶	溶	溶	—	微	微	不	不
Al^{3+}	不	溶	溶	溶	—	—	—	不	不
Mn^{2+}	不	溶	溶	溶	不	不	不	不	不
Zn^{2+}	不	溶	溶	溶	不	不	不	不	不
Cr^{3+}	不	溶	溶	溶	—	—	—	不	不
Fe^{2+}	不	溶	溶	溶	不	不	不	不	不
Fe^{3+}	不	溶	溶	溶	–	–	不	不	不
Sn^{2+}	不	溶	溶	溶	不	—	—	—	不
Pb^{2+}	不	溶	微	不	不	不	不	不	不
Bi^{3+}	不	溶	–	溶	不	不	不	—	不
Cu^{2+}	不	溶	溶	溶	不	不	不	不	不
Hg^+	—	溶	不	微	不	不	不	—	不
Hg^{2+}	—	溶	溶	溶	不	不	不	—	不
Ag^+	—	溶	不	微	不	不	不	不	不